# 建筑施工与质量监督管理

张国明　赵永波　王　平◎著

吉林科学技术出版社

图书在版编目（CIP）数据

建筑施工与质量监督管理 / 张国明，赵永波，王平
著 . -- 长春 ：吉林科学技术出版社，2023.5
ISBN 978-7-5744-0463-2

Ⅰ . ①建… Ⅱ . ①张… ②赵… ③王… Ⅲ . ①建筑工
程－工程施工－质量管理 Ⅳ . ①TU712.3

中国国家版本馆 CIP 数据核字（2023）第 105643 号

# 建筑施工与质量监督管理

| | |
|---|---|
| 作　者 | 张国明　赵永波　王　平 |
| 出 版 人 | 宛　霞 |
| 责任编辑 | 赵　沫 |
| 幅面尺寸 | 185 mm×260mm |
| 开　本 | 16 |
| 字　数 | 284 千字 |
| 印　张 | 12.5 |
| 版　次 | 2023 年 5 月第 1 版 |
| 印　次 | 2023 年 5 月第 1 次印刷 |

出　版　吉林科学技术出版社
发　行　吉林科学技术出版社
地　址　长春市净月区福祉大路 5788 号
邮　编　130118
发行部电话/传真　0431-81629529　81629530　81629531
　　　　　　　　　81629532　81629533　81629534

储运部电话　0431-86059116

编辑部电话　0431-81629518

印　刷　北京四海锦诚印刷技术有限公司

书　号　ISBN 978-7-5744-0463-2
定　价　70.00 元

# 前　言

建筑施工技术主要指贯穿整个施工项目的硬软件支持。它决定着建筑工程的质量、企业效益及硬核技术水平。较好的施工技术可以为建筑工程带来较高的质量，质量又是衡量建筑施工的重要条件，两者是相辅相成的。最大限度地消除建筑物的安全隐患，建筑企业一定不能掉以轻心。当今的建筑工程施工，建筑产品的技术含量不断提高，没有一定的技术条件和技术装备难以实现产品的现实希望，而技术条件和技术装备则需要企业的技术力量、技术管理水平来支撑和实施。技术管理工作水平的高低，很大程度上决定了企业的经济效益、企业信誉乃至企业存亡的问题。技术管理是企业管理的重要组成部分。施工过程中，自始至终都渗透着技术管理工作，从工程合同的签订到竣工验收和决算过程，无不与技术管理工作相联系。通过技术管理，才能保证施工过程的正常进行，使施工技术不断进步，从而保证工程质量。

由于城市规模的扩展，中国的建筑物数量正在快速增加，但在建造过程中出现了越来越多的问题。因此，对建筑的施工与质量的监督管理研究是十分必要的。本书主要对建筑施工过程中的土方工程、地基与基础工程、砌体工程、钢筋混凝土工程、防水工程、装饰工程等施工内容进行了详细论述，然后对建筑工程施工过程中的质量控制以及建筑工程施工主要模块的质量控制进行了分别论述，内容简明扼要，便于理解。本书具有较强的针对性、实用性和通用性，可作为高等职业教育工程造价、建筑工程管理、建筑工程技术、建筑经济、建筑安装等专业的参考用书，也可为建筑工程质量管理的人员提供参考。

在本书写作的过程中，参考了许多资料以及其他学者的相关研究成果，在此表示由衷的感谢。鉴于时间较为仓促，水平有限，书中难免出现一些谬误之处，恳请广大读者、专家学者能够予以谅解并及时进行指正，以便后续进一步修改与完善。

作者

2023 年 7 月

# 目 录

# 第一章　土方工程施工

## 第一节　岩土的工程分类及工程性质

土方工程是建筑工程施工的主要分部工程之一，也是建筑工程施工过程中的第一道工序，通常包括场地平整，基坑（基槽）及人防工程和地下建筑物等的土方开挖、运输与堆弃，土方填筑与压实等主要施工过程，以及降低地下水位和基坑支护等辅助工作。其特点是工程量大、劳动繁重、施工条件复杂，受地形、水文、地质和气候影响大。

### 一、岩土的工程分类

土的种类繁多，其分类方法也有很多。土的分级从开挖方法上，用铁锹或略加脚踩开挖的为Ⅰ级；用铁锹，且须用脚踩开挖的为Ⅱ级；用镐、三齿耙开挖或用铁锹须用力加脚踩开挖的为Ⅲ级；用镐、三齿耙等开挖的为Ⅳ级。具体见表1-1。

表 1-1　土的分级表

| 土的等级 | 土的名称 | 自然湿密度（kg/m³） | 外观及其组成特性 | 开挖工具 |
|---|---|---|---|---|
| Ⅰ | 砂土、种植土 | 1650~1750 | 疏松、黏着力差 | 用铁锹或略加脚踩开挖 |
| Ⅱ | 壤土、淤泥、含根种植土 | 1750~1850 | 开挖时能成块，并易打碎 | 用铁锹且须用脚踩开挖 |
| Ⅲ | 黏土、干燥黄土、干淤泥、含少量砾石的黏土 | 1800~1950 | 黏手、看不见砂粒或干硬 | 用镐、三齿耙开挖或用铁锹须用力加脚踩开挖 |
| Ⅳ | 坚硬黏土、砾质黏土、含卵石黏土 | 1900~2100 | 结构坚硬，分裂后呈块状，或含黏粒、砾石较多 | 用镐、三齿耙等工具开挖 |

土的工程性质对土方工程的施工方法及工程进度影响很大。主要的工程性质有：密度、含水量、渗透性、可松性等。土的可松性是指自然状态的土挖掘后变松散的性质。

## 二、岩土的工程性质

对土方工程施工有直接影响的土的工程性质主要有以下几点：

### （一）土的质量密度

土的质量密度分为天然密度和干密度。土的天然密度指土在天然状态下单位体积的质量，又称为湿密度。它影响土的承载力、土压力及边坡稳定性。土的天然密度 $\rho$ 按式（1-1）计算：

$$\rho = \frac{m}{V} \tag{1-1}$$

式中： $m$ ——土的总质量，kg；

$V$ ——土的体积，$m^3$。

土的干密度 $\rho_d$ 指单位体积土中固体颗粒的质量，用式（1-2）表示：

$$\rho_d = \frac{m_s}{V} \tag{1-2}$$

式中：$m_s$ ——土中固体颗粒的质量，kg。

土的干密度在一定程度上反映了土颗粒排列的紧密程度，因此常用它作为填土压实质量的控制指标。

### （二）土的可松性

自然状态下的土经开挖后，其体积因松散而增加，虽经回填夯实，仍不能完全恢复到原状态土的体积，这种现象称为土的可松性。土的可松程度用最初可松性系数 $K_s$ 及最终可松性系数 $K_s'$ 表示如下：

$$K_s' = \frac{V_3}{V_1} \tag{1-3}$$

$$K_s = \frac{V_2}{V_1} \tag{1-4}$$

式中：$V_1$ ——土在天然状态下的体积，$m^3$；

$V_2$ ——土挖出后的松散体积，$m^3$；

$V_3$ ——土经压（夯）实后的体积，$m^3$。

土的可松性对土方的平衡调配、基坑开挖时预留土量及运输工具数量的计算均有直接影响。

## （三）土的含水量

土的含水量 $w$ 是指土中所含水的质量与土的固体颗粒质量之比，用百分数表示如下：

$$w = \frac{m_w}{m_s} \times 100\% \qquad (1-5)$$

式中：$m_w$——土中水的质量，kg；

$\quad\quad m_s$——固体颗粒的质量，kg。

土的含水量反映土的干湿程度。它对挖土的难易、土方边坡的稳定性及填土压实等均有直接影响。因此，土方开挖时应采取排水措施。回填土时，应使土的含水量处于最佳含水量的变化范围之内。

## （四）土的渗透性

土的渗透性也称为透水性，是指土体被水透过的性质。它主要取决于土体的孔隙特征，如孔隙的大小、形状、数量和贯通情况等。地下水在土中的渗流速度一般可按达西定律计算：

$$v = Ki \qquad (1-6)$$

式中：$v$——水在土中的渗流速度，m/d 或 m/h；

$\quad\quad K$——土的渗透系数，m/d 或 m/h；

$\quad\quad i$——水力坡度。

渗透系数 $K$ 反映土透水性的强弱。它直接影响降水方案的选择和涌水量的计算，可通过室内渗透试验或现场抽水试验确定。

# 第二节 土方工程量计算及场地土方调配

## 一、场地平整的土方量计算

建筑场地平整的平面位置和标高，通常由设计单位在总平面图竖向设计中确定。场地平整通常是挖高填低。计算场地挖方量和填方量，首先要确定场地设计标高，由设计平面的标高和地面的自然标高之差，可以得到场地各点的施工高度（即填、挖高度），由此可计算场地平整的挖方和填方的工程量。

（一）场地设计标高确定

场地设计标高是进行场地平整和土方量计算的依据，也是总体规划和竖向设计的依据。

合理确定场地的设计标高，对减少土方量、加快工程进度都有重要的经济意义。如图1-1所示，当场地设计标高为 $H_0$ 时，填挖方基本平衡，可将挖方土移往填方区，就地处理；当设计标高为 $H_1$ 时，填方大大超过挖方，则须从场地外大量取土回填；当设计标高为 $H_2$ 时，挖方大大超过填方，则要向场外大量弃土。因此，在确定场地设计标高时，应结合现场的具体条件，反复进行技术经济比较，选择最优方案。

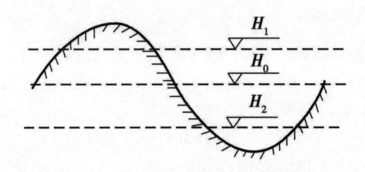

图 1-1　场地不同设计标高的比较

确定场地设计标高时，应考虑以下内容：满足生产工艺和运输的要求；充分利用地形（如分区台阶布置），尽量使挖填方平衡，以减少土方量运输；要有一定泄水坡度（≥0.2%），使之能满足排水要求；最高洪水位的影响。

场地设计标高一般应在设计文件中规定，若设计文件对场地设计标高没有规定时，可按下述步骤来确定场地设计标高。

**1. 初步计算场地设计标高（$H_0$）**

初步计算场地设计标高的原则是场内挖填方平衡，即场内挖方总量等于填方总量（ $\sum V_{挖?} = \sum V_{填?}$ ）。

（1）在具有等高线的地形图上将施工区域划分为边长 $a = 10 \sim 40$ m 的若干方格。

（2）确定各小方格的角点高程。其方法是根据地形图上相邻两等高线的高程，用插入法计算求得；也可用一张透明纸，上面画 6 根等距离的平行线，把该透明纸放到标有方格网的地形图上，将 6 根平行线的最外两根分别对准 A、B 两点，这时 6 根等距离的平行线将 A、B 之间的高差分成 5 等份，于是便可直接读得 C 点的地面标高，如图 1-3 所示。此外，在无地形图或地形不平坦时，可以在地面用木桩打好方格网，然后用仪器直接测出方格网角点标高。

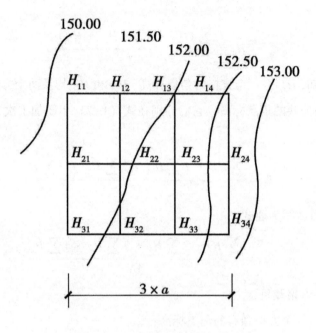

图 1-2　场地设计标高计算图

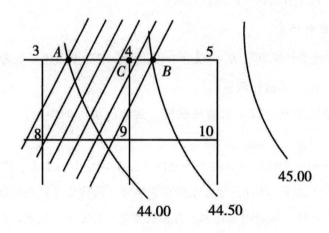

图 1-3　插入法图解

（3）按填挖方平衡确定设计标高 $H_0$ 为：

$$H_0 Na^2 = \sum \left( a^2 \frac{H_{11} + H_{12} + H_{21} + H_{22}}{4} \right)$$

即

$$H_0 = \frac{\sum (H_{11} + H_{12} + H_{21} + H_{22})}{4N} \qquad (1-7)$$

由图 1-2 可知，$H_{11}$ 系一个方格的角点标高，$H_{12}$ 和 $H_{21}$ 均系两个方格公共的角点标高，$H_{22}$ 则是四个方格公共的角点标高，它们分别在式（1-7）中要加 1 次、2 次、4 次。

即

$$H_0 = \frac{\sum H_{11} + 2\sum H_{12} + 2\sum H_{21} + 4\sum H_2}{4N}$$

同理，上式可改写为通式：

$$H_0 = \frac{\sum H_1 + 2\sum H_2 + 3\sum H_3 + 4\sum H_4}{4N} \qquad (1-8)$$

式中：$N$——方格数目；

$H_1$——一个方格独有的角点标高；

$H_2$——两个方格共有的角点标高；

$H_3$——三个方格共有的角点标高；

$H_4$——四个方格共有的角点标高。

## 2. 调整场地设计标高

初步确定的场地设计标高（$H_0$）仅为一理论值，实际上，还需要考虑以下因素对初步场地设计标高（$H_0$）值进行调整。

（1）土的可松性影响。由于土的可松性，会造成填土的多余，须相应地提高设计标高。

（2）场内挖方和填方的影响。由于场地内大型基坑挖出的土方、修筑路堤填高的土方，以及从经济角度比较，将部分挖方就近弃于场外（简称弃土）或将部分填方就近取土于场外（简称借土）等，均会引起挖填土方量的变化。必要时，须重新调整设计标高。

（3）考虑泄水坡度对设计标高的影响。按调整后的同一设计标高进行场地平整时，整个场地表面均处于同一水平面，但实际上由于排水的要求，场地还须有一定的泄水坡度。平整场地的表面坡度应符合设计要求，如无设计要求时，排水沟方向的坡度不应小于 2‰。因此，还需要根据场地的泄水坡度要求（单向泄水或双向泄水），计算出场地内各方格角点实际施工所用的设计标高。

单向泄水时设计标高计算，是将已调整的设计标高（$H_0'$）作为场地中心线的标高（图1-4），场地内任意一点的设计标高则为：

$$H_{ij} = H_0' \pm Li \tag{1-9}$$

式中：$H_{ij}$——场地内任一点的设计标高；

$L$——该点至 $H_0'' - H_0''$ 中心线的距离；

$i$——场地单向泄水坡度（不小于0.2%）。

双向泄水时设计标高计算，是将已调整的设计标高（$H_0'$）作为场地方向的中心点（图1-5），场地内任一点的设计标高为：

$$H_{ij} = H_0' \pm L_x i_x \pm L_y i_y \tag{1-10}$$

式中：$L_x$，$L_y$——该点沿 $x-x$，$y-y$ 方向距场地的中心线的距离。

$i_x$，$i_y$——该点沿 $x-x$，$y-y$ 方向的泄水坡度。

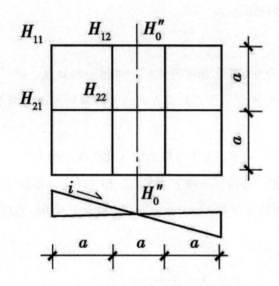

图 1-4  单向泄水坡度场地

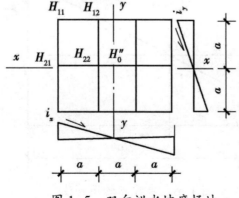

图 1-5  双向泄水坡度场地

### （二）场地平整土方量计算

大面积场地的土方量通常采用方格网法计算，即根据方格网的自然地面标高和实际采用的设计标高，计算出相应的角点填挖高度（施工高度），然后计算出每一方格的土方量，并算出场地边坡的土方量，这样便可得到整个场地的填、挖土方总量。其计算步骤如下：

#### 1. 计算场地各方格角点的施工高度

各方格角点的施工高度按式（1-11）计算：

$$h_n = H_n - H \qquad\qquad (1-11)$$

式中：$h_n$——角点施工高度，即填挖高度，以"+"为填、"-"为挖；

$H_n$——角点设计标高；

$H$——角点的自然地面标高。

#### 2. 确定"零线"

如果一个方格中一部分角点的施工高度为"+"，而另一部分为"-"时，此方格中的土方一部分为填方，一部分为挖方。计算此类方格的土方量须先确定填方与挖方的分界线，即"零线"。

"零线"位置的确定方法：先求出有关方格边线（此边线一端为挖，一端为填）上的"零点"（不挖不填的点），然后将相邻的两个"零点"相连即为"零线"。

如图 1-6 所示，设 $h_1$ 为填方角点的填方高度，$h_2$ 为挖方角点的挖方高度，$O$ 为零点位置，则可求得：

$$X = \frac{ah_1}{h_1 + h_2} \qquad\qquad (1-12)$$

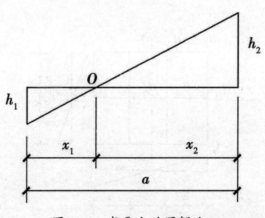

图 1-6　求零点的图解法

### 3. 计算场地填挖土方量

场地土方量计算可采用四方棱柱体法或三角棱柱体法。

用四方棱柱体法计算时，依据方格角点的施工高度，分为三种类型。

（1）方格四个角点全部为填（或挖）（图 1-7），其土方量为：

$$V = \frac{a^2}{4}(h_1 + h_2 + h_3 + h_4) \qquad (1-13)$$

式中：$V$——挖方或填方的体积，$m^3$；

$\quad h_1$，$h_2$，$h_3$，$h_4$——方格角点的施工高度，m，以绝对值代入。

（2）方格的相邻两点为挖，另两角点为填（图 1-8），其挖方部分的土方量为：

$$V_{1,2} = \frac{a^2}{4}\left(\frac{h_1^2}{h_1 + h_4} + \frac{h_2^2}{h_2 + h_3}\right) \qquad (1-14)$$

填方部分的土方量为：

$$V_{3,4} = \frac{a^2}{4}\left(\frac{h_3^2}{h_2 + h_3} + \frac{h_4^2}{h_1 + h_4}\right) \qquad (1-15)$$

（3）方格的三个角点为挖，另一角点为填（或相反）（图 1-9），其填方部分的土方量为：

$$V_4 = \frac{a^2}{6} \cdot \frac{h_4^3}{(h_1 + h_4)(h_3 + h_4)} \qquad (1-16)$$

挖方部分的土方量为：

$$V_{1,2,3} = \frac{a^2}{6}(2h_1 + h_2 + 2h_3 - h_4) + V_4 \qquad (1-17)$$

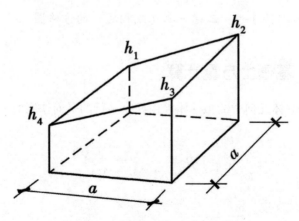

图 1-7　全挖或全填的方格图

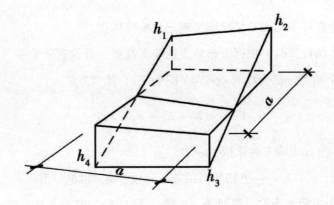

图 1-8　两挖和两填的方格图

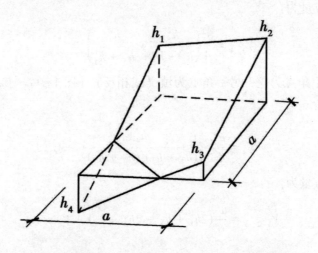

图 1-9　三挖一填（或相反）的方格图

## 二、基坑、基槽土方量计算

基坑土方量可按立体几何中的拟柱体（由两个平行的平面作底的一种多面体）体积公式计算（图 1-10）：

$$V = \frac{H}{6}(A_1 + 4A_0 + A_2) \qquad (1-18)$$

式中：$H$——基坑深度，m；

$A_1$，$A_2$——基坑上、下两底面积，$m^2$；

$A_0$——基坑中截面面积，$m^2$。

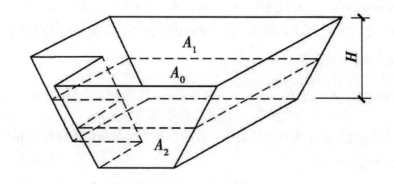

图 1-10　基坑土方量计算

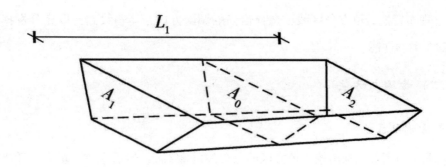

图 1-11　基槽土方量计算

基槽和路堤的土方量可以沿长度方向分段后，再用同样的方法计算（图 1-11）：

$$V_1 = \frac{L_1}{6}(A_1 + 4A_0 + A_2) \tag{1-19}$$

式中：$V_1$——第一段的土方量，$m^2$；

　　　$L_1$——第一段的长度，m。

将各段土方量相加，即得总土方量：

$$V = V_1 + V_2 + \cdots + V_n \tag{1-20}$$

式中：$V_1$，$V_2$，$\cdots$，$V_n$——各分段的土方量，$m^3$。

## 三、土方调配计算

土方工程量计算完成后即可进行土方调配。所谓土方调配，就是对挖方的土须运至何处，填方的土应取自何方，进行统筹安排。其目的是在土方运输量最小或土方运输费最小的条件下，确定挖填方区土方的调配方向、数量及平均运距，从而缩短工期，降低成本。

土方调配工作主要包括以下内容：划分调配区，计算土方调配区之间的平均运距，选择最优的调配方案及绘制土方调配图表。

## （一）平衡与调配原则

1. 应力求达到挖、填平衡和运距最短，使挖、填方量与运距的乘积之和尽可能最小，即使土方运输量或运费最小。

2. 应考虑近期施工与后期利用相结合及分区与全场相结合的原则，避免重复挖运和场地混乱。

3. 土方调配还应尽可能与大型地下建筑物的施工相结合。例如，大型地下建筑物位于填方区时，应将部分填土予以保留，待基础施工完成后再进行回填。

4. 合理布置挖、填方分区线，选择恰当的调配方向、运输线路，以充分发挥挖方机械和运输车辆的性能。

## （二）步骤与方法

### 1. 划分调配区

在场地平面图上先画出挖、填方区的分界线（零线），然后在挖、填方区适当划分出若干调配区。调配区的划分应与建筑物的平面位置及土方工程量计算用的方格网相协调，通常可由若干个方格组成一个调配区，同时还应满足土方及运输机械的技术要求。

### 2. 计算各调配区的土方量

计算出的各调配区的土方量应标明在调配图上。

### 3. 计算各挖、填方调配区之间的平均运距

平均运距是指挖方区与填方区之间的重心距离。取场地或方格网的纵横两边为坐标轴，计算各调配区的重心位置为：

$$x_0 = \frac{\sum V_i x_i}{\sum V_i} \qquad y_0 = \frac{\sum V_i y_i}{\sum V_i} \qquad (1-21)$$

式中：$V_i$——第 $i$ 个方格的土方量；

$x_i$，$y_i$——第 $i$ 个方格的重心坐标。

为简化计算，可假定每个方格上的土方都是均匀分布的，从而用图解法求出形心位置以代替重心位置。

求出各挖方区到各填方区的运距及各区的土方量后，绘制出土方平衡-运距表。

**4. 确定土方调配的初始方案**

以挖方区与填方区土方调配保持平衡为原则，制订出土方调配的初始方案（通常采用"最小元素法"制订）。

**5. 确定土方调配的最优方案**

以初始调配方案为基础，采用表上作业法可以求出在保持挖、填平衡的条件下，使土方调配总运距最小的最优方案。该方案是土方调配中最经济的方案，即土方调配最优方案。

**6. 绘出土方调配图**

经土方调配最优化求出最佳土方调配方案后，即可绘制土方调配图以指导土方工程施工。

# 第三节　土方工程施工方法

## 一、场地平整施工

### （一）施工准备工作

**1. 场地清理**

清理场地包括拆除施工区域内的房屋，拆除或改建通信和电力设施、上下水道及其他建筑物，迁移树木，清除含有大量有机物的草皮、耕植土、河塘淤泥等。

**2. 修筑临时设施与道路**

施工现场所需临时设施主要包括生产性和生活性临时设施。生产性临时设施主要包括混凝土搅拌站、各种作业棚、建筑材料堆场及仓库等；生活性临时设施主要包括宿舍、食堂、办公室、厕所等。

开工前还应修筑好施工现场内的临时道路，同时做好现场供水、供电、供气等管线的架设。

### （二）场地平整施工方法

场地平整系综合施工过程，它由土方的开挖、运输、填筑、压实等施工过程组成，其中土方开挖是主导施工过程。

土方开挖通常有人工、半机械化、机械化和爆破等数种方法。

大面积的场地平整适宜采用大型土方机械，如推土机、铲运机或单斗挖土机等施工。

### 1. 推土机施工

推土机是土方工程施工的主要机械之一，是在履带式拖拉机上安装推土铲刀等工作装置而成的机械。按铲刀的操纵机构不同，分为索式和液压式推土机两种。索式推土机的铲刀借本身自重切入土中，在硬土中切土深度较小。液压式推土机由于用液压操纵，能使铲刀强制切入土中，切入深度较大。同时，液压式推土机铲刀还可以调整角度，具有更大的灵活性，是目前常用的一种推土机。

推土机操纵灵活，运转方便，所需工作面较小，行驶速度快，易于转移，能爬30°左右的缓坡，因此应用范围较广。推土机适用于开挖一至三类土。它多用于挖土深度不大的场地平整，开挖深度不大于1.5 m的基坑，回填基坑和沟槽，堆筑高度在1.5 m以内的路基、堤坝，平整其他机械卸置的土堆；推送松散的硬土、岩石和冻土，配合铲运机进行助铲；配合挖土机施工，为挖土机清理余土创造工作面。此外，将铲刀卸下后，还能牵引其他无动力的土方施工机械，如拖式铲运机、松土机、羊足碾等，进行土方其他施工过程的施工。

推土机的运距宜在100 m以内，效率最高的推运距离为40~60 m。为提高生产率，可采用下述方式：

（1）下坡推土。推土机顺地面坡势沿下坡方向推土，借助机械往下的重力作用，可增大铲刀切土深度和运土数量，可提高推土机能力和缩短推土时间，一般可提高生产率30%~40%，但坡度不宜大于15°，以免后退时爬坡困难。

（2）槽形推土。当运距较远、挖土层较厚时，利用已推过的土槽再次推土，可以减少铲刀两侧土的散漏，这样可提高生产率10%~30%。槽深1 m左右为宜，槽间土埂宽约0.5 m。在推出多条槽后，再将土埂推入槽内，然后运出。

此外，推运疏松土壤且运距较大时，还应在铲刀两侧装置挡板，以增加铲刀前土的体积，减少土向两侧散失。在土层较硬的情况下，则可在铲刀前面装置活动松土齿，当推土机倒退回程时，即可将土翻松，这样便可减少切土时阻力，从而可提高切土运行速度。

（3）并列推土。对于大面积的施工区，可用2~3台推土机并列推土。推土时两铲刀相距150~300 mm，这样可以减少土的散失而增大推土量，能提高生产率15%~30%。但平均运距不宜超过50~75 m，亦不宜小于20 m；且推土机数量不宜超过3台，否则倒车不便，行驶不一致，反而影响生产率。

（4）分批集中，一次推送。若运距较远而土质又比较坚硬时，由于切土的深度不大，宜采用多次铲土，分批集中，再一次推送的方法，使铲刀前保持满载，以提高生产率。

### 2. 铲运机施工

铲运机是一种能够独立完成铲土、运土、卸土、填筑、整平的土方机械。按行走机构可分为拖式铲运机和自行式铲运机两种。拖式铲运机由拖拉机牵引，自行式铲运机的行驶和作业都靠本身的动力设备。

铲运机的工作装置是铲斗，铲斗前方有一个能开启的斗门，铲斗前设有切土刀片。切土时，铲斗门打开，铲斗下降，刀片切入土中。铲运机前进时，被切入的土挤入铲斗；铲斗装满土后，提起土斗，放下斗门，将土运至卸土地点。

铲运机对行驶的道路要求较低，操纵灵活，生产率较高。铲运机可在一至三类土中直接挖、运土，常用于坡度在20°以内的大面积土方挖、填、平整和压实，大型基坑、沟槽的开挖，路基和堤坝的填筑，不适于砾石层、冻土地带及沼泽地区使用。坚硬土开挖时要用推土机助铲或用松土机配合。

在土方工程中，常使用的铲运机的铲斗容量为 2.5~8 m³。自行式铲运机适用于运距800~3500 m的大型土方工程施工，以运距在800~1500 m的生产效率最高；拖式铲运机适用于运距为80~800 m的土方工程施工，而运距在200~350 m时效率最高。如果采用双联铲运或挂大斗铲运，其运距可增加到1000 m。运距越长，生产率越低，因此，在规划铲运机的运行路线时，应力求符合经济运距的要求。为提高生产率，一般采用下述方法：

（1）合理选择铲运机的开行路线。在场地平整施工中，铲运机的开行路线应根据场地挖、填方区分布的具体情况合理选择，这对提高铲运机的生产率有很大帮助。铲运机的开行路线，一般有以下几种：

①环形路线。当地形起伏不大、施工地段较短时，多采用环形路线。环形路线每一循环只完成一次铲土和卸土，挖土和填土交替；挖填之间距离较短时，则可采用大循环路线，一个循环能完成多次铲土和卸土，这样可减少铲运机的转弯次数，提高工作效率。

②"8"字形路线。施工地段较长或地形起伏较大时，多采用"8"字形开行路线。这种开行路线，铲运机在上下坡时是斜向行驶，受地形坡度限制小；一个循环中两次转弯方向不同，可避免机械行驶时的单侧磨损；一个循环完成两次铲土和卸土，减少了转弯次数及空车行驶距离，从而可缩短运行时间，提高生产率。

尚须指出，铲运机应避免在转弯时铲土，否则铲刀受力不均易引起翻车事故。因此，为了充分发挥铲运机的效能，保证能在直线段上铲土并装满土斗，要求铲土区应有足够的最小铲土长度。

（2）下坡铲土。铲运机利用地形进行下坡推土，借助铲运机的重力加大铲斗切土深度，缩短铲土时间。但纵坡不得超过25°，横坡不大于5°。铲运机不能在陡坡上急转弯，以免翻车。

（3）跨铲法。铲运机间隔铲土，预留土埂，这样在间隔铲土时形成一个土槽，可减少向外的撒土量；铲土埂时，铲土阻力减小。一般土埂高不大于 300 mm，宽度不大于拖拉机两履带间净距。

（4）推土机助铲。地势平坦、土质较坚硬时，可用推土机在铲运机后面顶推，以加大铲刀切土能力，缩短铲土时间，提高生产率。推土机在助铲的空隙可兼做松土或平整工作，为铲运机创造作业条件。

（5）双联铲运法。当拖式铲运机的动力有富裕时，可在拖拉机后面串联两个铲斗进行双联铲运。对坚硬土层，可用双联单铲，即一个土斗铲满后，再铲另一斗土；对松软土层，则可用双联双铲，即两个土斗同时铲土。

（6）挂大斗铲运。在土质松软地区，可改挂大型铲土斗，以充分利用拖拉机的牵引力来提高效率。

### 3. 单斗挖土机施工

单斗挖土机是基坑（槽）土方开挖常用的一种机械，按其行走装置的不同分为履带式和轮胎式两类。根据工作需要，其工作装置可以更换。依其工作装置的不同，分为正铲、反铲、拉铲和抓铲四种。

（1）正铲挖土机

正铲挖土机的挖土特点是：前进向上，强制切土。它适用于开挖停机面以上的一至三类土，且须与运土汽车配合完成整个挖运任务，其挖掘力大、生产率高。开挖大型基坑时须设坡道，挖土机在坑内作业，因此适宜在土质较好、无地下水的地区工作。当地下水位较高时，应采取降低地下水位的措施，把基坑土疏干。

根据挖土机的开挖路线与汽车相对位置不同，其卸土方式有侧向卸土和后方卸土两种。

①正向挖土，侧向卸土。即挖土机沿前进方向挖土，运输车辆停在侧面卸土（可停在停机面上或高于停机面）。此法挖土机卸土时动臂转角小，运输车辆行驶方便，故生产效率高，应用较广。

②正向挖土，后方卸土。即挖土机沿前进方向挖土，运输车辆停在挖土机后方装土。此法挖土机卸土时动臂转角大，生产率低，运输车辆要倒车进入。一般在基坑窄而深的情况下采用。

挖土机的工作面是指挖土机在一个停机点进行挖土的工作范围。工作面的形状和尺寸取决于挖土机的性能和卸土方式。根据挖土机作业方式的不同，挖土机的工作面分为侧工作面与正工作面两种。挖土机侧向卸土方式就构成了侧工作面，根据运输车辆与挖土机的停放标高是否相同又分为高卸侧工作面（车辆停放处高于挖土机停机面）及平卸侧工作面（车辆与挖土机在同一标高）。

在正铲挖土机开挖大面积基坑时，必须对挖土机作业时的开行路线和工作面进行设计，确定开行次序和次数，称为开行通道。当基坑开挖深度较小时，可布置一层开行通道，基坑开挖时，挖土机开行三次。第一次开行采用正向挖土、后方卸土的作业方式，为正工作面；挖土机进入基坑要挖坡道，坡道的坡度为 1：8 左右。第二、三次开行时采用侧方卸土的平侧工作面。

当基坑宽度稍大于正工作面的宽度时，为了减少挖土机的开行次数，可采用加宽工作面的办法，挖土机按"Z"字形路线开行。当基坑的深度较大时，则开行通道可布置成多层，即为三层通道的布置。

（2）反铲挖土机

反铲挖土机的挖土特点是：后退向下，强制切土。其挖掘力比正铲小，能开挖停机面以下的一至三类土（机械传动反铲只宜挖一至二类土）；不须设置进出口通道，适用于一次开挖深度在 4 m 左右的基坑、基槽、管沟，也可用于地下水位较高的土方开挖。在深基坑开挖中，依靠止水挡土结构或井点降水。反铲挖土机通过下坡道，采用台阶式接力方式挖土也是常用方法。反铲挖土机可以与自卸汽车配合，装土运走，也可弃土于坑槽附近。

反铲挖土机的作业方式可分为沟端开挖和沟侧开挖两种。

①沟端开挖：挖土机停在基坑（槽）的端部，向后倒退挖土，汽车停在基槽两侧装土。其优点是挖土机停放平稳，装土或甩土时回转角度小，挖土效率高，挖的深度和宽度也较大。基坑较宽时，可多次开行开挖。

②沟侧开挖：挖土机沿基槽的一侧移动挖土，将土弃于距基槽较远处。沟侧开挖时开挖方向与挖土机移动方向相垂直，因此稳定性较差，而且挖的深度和宽度均较小，一般只在无法采用沟端开挖或挖土不须运走时采用。

（3）拉铲挖土机

拉铲挖土机的土斗用钢丝绳悬挂在挖土机长臂上，挖土时土斗在自重作用下落到地面切入土中。其挖土特点是：后退向下，自重切土。其挖土深度和挖土半径均较大，能开挖停机面以下的一至二类土，但不如反铲动作灵活准确。适用于开挖较深较大的基坑（槽）、沟渠，挖取水中泥土以及填筑路基、修筑堤坝等。

履带式拉铲挖土机的挖斗容量有 0.35 m³、0.5 m³、1 m³、1.5 m³ 和 2 m³ 等几种。拉铲挖土机的开挖方式与反铲挖土机的开挖方式相似，可沟侧开挖，也可沟端开挖。

（4）抓铲挖土机

履带式抓铲挖土机是在挖土机臂端用钢丝绳吊装一个抓斗。其挖土特点是：直上直下，自重切土。其挖掘力较小，能开挖停机面以下的一至二类土。其适用于开挖软土地基基坑，特别是窄而深的基坑、深槽、深井；抓铲还可用于疏通旧有渠道以及挖取水中淤泥等，或用于装卸碎石、矿渣等松散材料。抓铲也有采用液压传动操纵抓斗作业，其挖掘力和精度优于机械传动抓铲挖土机。

（5）挖土机和运土车辆配套的选型

基坑开挖采用单斗（反铲等）挖土机施工时，须用运土车辆配合，将挖出的土随时运走。因此，挖土机的生产率不仅取决于其本身的技术性能，还应与所选运土车辆的运土能力相协调。为使挖土机充分发挥生产能力，应配备足够数量的运土车辆，以保证挖土机连续工作。

# 二、土方开挖基础

## （一）定位与放线

土方开挖前，要做好建筑物的定位放线工作。

### 1. 建筑的定位

建筑物定位是将建筑物外轮廓的轴线交点测定到地面上，用木桩标定出来，桩顶钉上小钉指示点位，这些桩称为角桩。然后根据角桩进行细部测试。

为了方便恢复各轴线位置，要把主要轴线延长到安全地点并做好标志，称为控制桩。为便于开槽后在施工各阶段确定轴线位置，应把轴线位置引测到龙门板上，用轴线钉标定。龙门板顶部标高一般定在±0.00 m，主要是便于施工时控制标高。

### 2. 放线

放线是根据定位确定的轴线位置，用石灰画出开挖的边线。开挖上口尺寸应根据基础的设计尺寸和埋置深度、土壤类别及地下水情况确定，并确定是否留工作面和放坡等。

### 3. 开挖中的深度控制

基槽（坑）开挖时，严禁扰动基层土层，破坏土层结构，降低承载力。要加强测量，以防超挖。控制方法为：在距设计基底标高 300~500 mm 时，及时用水准仪抄平，打上水平控制桩，作为挖槽（坑）时控制深度的依据。当开挖不深的基槽（坑）时，可在龙门板顶面拉上线，用尺子直接量开挖深度；当开挖较深的基坑时，用水准仪引测槽（坑）壁水平桩，一般距槽底 300 mm，沿基槽每 3~4 m 钉设一个。

使用机械挖土时，为防止超挖，可在设计标高以上保留 200~300 mm 土层不挖，而改用人工挖土。

### （二）土方开挖

基础土方的开挖方法有人工挖方和机械挖方两种，应根据基础特点、规模、形式、深度以及土质情况和地下水位，结合施工场地条件确定。一般大中型工程基坑土方量大，宜使用土方机械施工，配合少量人工清槽；小型工程基槽窄，土方量小，宜采用人工或人工配合小型挖土机施工。

**1. 人工开挖**

（1）在基础土方开挖之前，应检查龙门板、轴线桩有无位移现象，并根据设计图纸校核基础灰线的位置、尺寸、龙门板标高等是否符合要求。

（2）基础土方开挖应自上而下分步分层下挖，每步开挖深度约 300 mm，每层深度以 600 mm 为宜，按踏步形逐层进行剥土；每层应留足够的工作面，避免相互碰撞出现安全事故；开挖应连续进行，尽快完成。

（3）挖土过程中，应经常按事先给定的坑槽尺寸进行检查，尺寸不够时对侧壁土及时进行修挖，修挖槽应自上而下进行，严禁从坑壁下部掏挖"神仙土"（挖空底脚）。

（4）所挖土方应两侧出土，抛于槽边的土方距离槽边 1 m、堆高 1 m 为宜，以保证边坡稳定，防止因压载过大而产生塌方。除留足所需的回填土外，多余的土应一次运至用土处或弃土场，避免二次搬运。

（5）挖至距槽底约 500 mm 时，应配合测量放线人员抄出距槽底 500 mm 的水平线，并沿槽边每隔 3~4 m 钉水平标高小木桩。应随时检查槽底标高，开挖不得低于设计标高。如个别处超挖，应用与基土相同的土料填补，并夯实到要求的密实度。或用碎石类土填补，并仔细夯实。如在重要部位超挖时，可用低强度等级的混凝土填补。

（6）如开挖后不能立即进行下一工序或在冬、雨期开挖，应在槽底标高以上保留 150~300 mm 不挖，待下道工序开始前再挖。冬期开挖，每天下班前应挖一步虚土并盖草帘等保温，尤其是挖到槽底标高时，地基土不准受冻。

**2. 机械挖方**

（1）点式开挖

厂房的柱基或中小型设备基础坑，因挖土量不大、基坑坡度小，机械只能在地面上作业，一般多采用抓铲挖土机或反铲挖土机。抓铲挖土机能挖一、二类土和较深的基坑；反铲挖土机适于挖四类以下土和深度在 4 m 以内的基坑。

（2）线式开挖

大型厂房的柱列基础和管沟基槽截面宽度较小，有一定长度，适于机械在地面上作业，一般多采用反铲挖土机。如基槽较浅，又有一定宽度，土质干燥时也可采用推土机直接下到槽中作业，但基槽须有一定长度并设上下坡道。

（3）面式开挖

有地下室的房屋基础、箱形和筏形基础、设备与柱基础密集，采取整片开挖方式时，除可用推土机、铲运机进行场地平整和开挖表层外，多采用正铲挖土机、反铲挖土机或拉铲挖土机开挖。用正铲挖土机工效高，但须有上下坡道，以便运输工具驶入坑内，还要求土质干燥；反铲和拉铲挖土机可在坑上开挖，运输工具可不驶入坑内，坑内土潮湿也可以作业，但工效比正铲低。

## 三、土方的填筑与压实

### （一）土料选择与填筑要求

为了保证填土工程的质量，必须正确选择土料和填筑方法。

对填方土料应按设计要求验收后方可填入。如设计无要求，一般按下述原则进行：碎石类土、砂土（使用细、粉砂时应取得设计单位同意）和爆破石碴可用作表层以下的填料；含水量符合压实要求的黏性土，可用作各层填料；碎块草皮和有机质含量大于8%的土，仅用于无压实要求的填方。含大量有机物的土，容易降解变形而降低承载能力；含水溶性硫酸盐大于5%的土，在地下水作用下，硫酸盐会逐渐溶解消失，形成孔洞影响密实性，因此，这两种土以及淤泥和淤泥质土、冻土、膨胀土等均不应作为填土。

填土应分层进行，并尽量采用同类土填筑。如采用不同土填筑时，应将透水性较大的土层置于透水性较小的土层之下，不能将各种土混杂在一起使用，以免填方内形成水囊。

碎石类土或爆破石碴做填料时，其最大粒径不得超过每层铺土厚度的2/3，使用振动碾时，不得超过每层铺土厚度的3/4；铺填时，大块料不应集中，且不得填在分段接头或填方与山坡连接处。

当填方位于倾斜的山坡上时，应将斜坡挖成阶梯状，以防填土横向移动。

回填基坑和管沟时，应从四周或两侧均匀地分层进行，以防基础和管道在土压力作用下产生偏移或变形。

回填以前，应清除填方区的积水和杂物，如遇软土、淤泥，必须进行换土回填。在回填时，应防止地面水流入，并预留一定的下沉高度（一般不得超过填方高度的3%）。

（二）填土压实方法

填土的压实方法一般有碾压、夯实、振动压实以及利用运土工具压实。对于大面积填土工程，多采用碾压和利用运土工具压实；对较小面积的填土工程，则宜用夯实机具进行压实。

**1. 碾压法**

碾压法是利用机械滚轮的压力压实土壤，使之达到所需的密实度。碾压机械有平碾、羊足碾和气胎碾。

平碾又称为光碾压路机，是一种以内燃机为动力的自行式压路机。按重力等级分为轻型（30~50kN）、中型（60~90kN）和重型（100~140kN）三种，适于压实砂类土和黏性土，适用土类范围较广。轻型平碾压实土层的厚度不大，但土层上部变得较密实，当用轻型平碾初碾后，再用重型平碾碾压松土，就会取得较好效果。如直接用重型平碾碾压松土，则由于强烈的起伏现象，其碾压效果较差。

羊足碾一般无动力而靠拖拉机牵引，有单筒和双筒两种。根据碾压要求，又可分为空筒及装砂、注水三种。羊足碾虽然与土接触面积小，但单位面积的压力比较大，土的压实效果好。羊足碾只能用来压实黏性土。

气胎碾又称为轮胎压路机，它的前后轮分别密排着四个、五个轮胎，既是行驶轮，也是碾压轮。由于轮胎弹性大，在压实过程中，土与轮胎都会发生变形，随着几遍碾压铺土密实度提高，沉陷量逐渐减少，因而轮胎与土的接触面积逐渐缩小，但接触应力则逐渐增大，最后使土料得到压实。由于在工作时是弹性体，其压力均匀，填土质量较好。

碾压法主要用于大面积的填土压实，如场地平整、路基、堤坝等工程。

用碾压法压实填土时，铺土应均匀一致，碾压遍数要一样，碾压方向应从填土区的两边逐渐压向中心，每次碾压应有150~200 mm的重叠；碾压机械开行速度不宜过快，一般平碾不应超过2 km/h，羊足碾控制在3 km/h之内，否则会影响压实效果。

**2. 夯实法**

夯实法是利用夯锤自由下落的冲击力来夯实土壤，主要用于小面积的回填土或作业面受到限制的环境下的土壤压实。夯实法分人工夯实和机械夯实两种。人工夯实所用的工具有木夯、石夯等；常用的夯实机械有夯锤、内燃夯土机、蛙式打夯机和利用挖土机或起重机装上夯板后的夯土机等，其中蛙式打夯机轻巧灵活、构造简单，在小型土方工程中应用最广。

**3. 振动压实法**

振动压实法是将振动压实机放在土层表面，借助振动机构使压实机振动土颗粒，使其发生相对位移而达到紧密状态。用这种方法振实非黏性土的效果较好。

目前，将碾压和振动结合起来设计和制造了振动平碾、振动凸块碾等新型压实机械。振动平碾适用于填料为爆破碎石碴、碎石类土、杂填土或轻亚黏土的大型填方；振动凸块碾则适用于亚黏土或黏土的大型填方。当压实爆破石碴或碎石类土时，可选用重 8~15t 的振动平碾，铺土厚度为 0.6~1.5m，先静压，后振动碾压，碾压遍数由现场试验确定，一般为 6~8 遍。

# 第四节　土方施工的相关技术

## 一、基坑开挖与支护

### （一）无支护结构基坑放坡开挖工艺

采用放坡开挖时，一般基坑深度较浅，挖土机可以一次开挖至设计标高，因此，在地下水位高的地区，软土基坑采用反铲挖土机配合运土汽车在地面作业。如果地下水位较低，坑底坚硬，也可以让运土汽车下坑配合正铲挖土机在坑底作业。当开挖基坑深度超过4m 时，若土质较好、地下水位较低、场地允许、有条件放坡时，边坡宜设置阶梯平台，分阶段、分层开挖，每级平台宽度不宜小于 3 m。

在采用放坡开挖时，要求基坑边坡在施工期间保持稳定。基坑边坡坡度应根据土质、基坑深度、开挖方法、留置时间、边坡荷载、排水情况及场地大小确定。放坡开挖应有降低坑内水位和防止坑外水倒灌的措施。若土质较差且基坑施工时间较长，边坡坡面可采用钢丝网喷浆进行护坡，以保持基坑边坡稳定。

基坑边坡坡度用高度 $H$ 与底宽 $B$ 之比表示如下：

$$基坑边坡坡度 = \frac{H}{B} = \frac{1}{B/H} = 1 : m \qquad (1-22)$$

式中：$m = B/H$——坡度系数。

土方开挖或填筑的边坡可以做成直线形、折线形及阶梯形。边坡的大小与土质、开挖深度、开挖方法、边坡留置时间的长短、边坡附近的震动和有无荷载、排水情况等有关。土方开挖设置边坡是防止土方坍塌的有效途径，边坡的设置应符合下述要求。

当地质条件良好、土质均匀且地下水位低于基坑（槽）或管底面标高时，挖方边坡可做成直立壁不加支撑，但不宜超过下列规定：

1. 密实、中密的砂土和碎石类土（充填物为砂土），不超过 1.0 m。

2. 硬塑、可塑的轻亚黏土及亚黏土，不超过 1.25 m。

3. 硬塑、可塑的黏土和碎石类土（充填物为黏性土），不超过 1.5 m。

4. 坚硬的黏土，不超过 2.0 m。

挖方深度超过上述规定时，应考虑放坡或做直立壁加支撑。当地质条件良好、土质均匀且地下水位低于基坑（槽）或管沟底面标高时，挖方深度在 5 m 以内不加支撑边坡的最陡坡度应符合表 1-2 的规定。

表 1-2　深度在 5 m 以内基坑（槽）、管沟边坡的最陡坡度（不加支撑）

| 土的类别 | 边坡坡度（高:宽） | | |
|---|---|---|---|
| | 坡顶无荷载 | 坡顶有静载 | 坡顶有动载 |
| 中密的砂土 | 1:1.00 | 1:1.25 | 1:1.50 |
| 中密的碎石类土（填充物为砂土） | 1:0.75 | 1:1.00 | 1:1.25 |
| 硬塑的粉土 | 1:0.67 | 1:0.75 | 1:1.00 |
| 中密的碎石类土（填充物为黏性土） | 1:0.50 | 1:0.67 | 1:0.75 |
| 硬塑的粉质黏土、黏土 | 1:0.33 | 1:0.50 | 1:0.67 |
| 老黄土 | 1:0.10 | 1:0.25 | 1:0.33 |
| 软土（经井点降水后） | 1:1.00 | — | — |

注：静载指堆土或放材料等，动载指机械挖土或汽车运输作业等。静载或动载到挖方边缘的距离应保证边坡和直立壁的稳定，应距挖方边缘 0.8 m 以外，且堆高不超过 1.5 m。

## （二）有支护结构的基坑开挖工艺

有支护结构的基坑开挖按其坑壁形式可分为直立壁无支撑开挖、直立壁内支撑开挖和直立壁拉锚（或土钉、土锚杆）开挖。有支护结构的基坑开挖顺序、方法必须与设计工况相一致，并遵循"开槽支撑，先撑后挖，分层开挖，严禁超挖"和"分层、分段、对称、限时"的原则。

### 1. 直立壁无支撑开挖工艺

这是一种重力式坝体结构，一般采用水泥土搅拌桩做坝体材料，也可采用粉喷桩等复合桩体做坝体。重力式坝体既挡土又止水，给坑内创造宽敞的施工空间和可降水的施工环境。

基坑深度一般在 5~6 m，故可采用反铲挖土机配合运土汽车在地面作业。由于采用止水重力坝，地下水位一般都比较高，因此很少使用正铲下坑挖土作业。

### 2. 直立壁内支撑开挖工艺

在基坑深度大，地下水位高，周围地质和环境又不允许做拉锚和土钉、土锚杆的情况下，一般采用直立壁内支撑开挖形式。基坑采用内支撑，能有效控制侧壁的位移，具有较高的安全度，但减小了施工机械的作业面，影响挖土机械、运土汽车的效率，增加施工难度。

基坑开挖采用放坡无法保证施工安全或场地无放坡条件时，一般采用支护结构临时支挡，以保证基坑的土壁稳定。基坑支护结构既要确保坑壁稳定、坑底稳定、邻近建筑物与构筑物和管线的安全，又要考虑支护结构施工方便、经济合理、有利于土方开挖和地下工程的建造。

基坑土壁支护主要有横撑式支撑、锚碇式支撑及板桩支护等形式。横撑式土壁支护根据挡土板的不同，分为水平挡土板和垂直挡土板，前者又分为断续式水平支撑、连续式水平支撑。对湿度小的黏性土，当挖土深度小于 3 m 时，可用断续式水平支撑；对松散、湿度大的土可用连续式水平支撑，挖土深度可达 5 m；对松散和湿度很高的土，可用垂直挡土板支撑。

### 3. 直立壁拉锚（或土钉、土锚杆）开挖工艺

当周围的环境和地质允许进行拉锚或采用土钉和土锚杆时，应选用此方式，因为直立壁拉锚开挖使坑内的施工空间宽敞，挖土机械效率较高。在土方施工中，须进行分层、分区段开挖，穿插进行土钉（或土锚杆）施工。土方分层、分区段开挖的范围应和土钉（或土锚杆）的设置位置一致，满足土钉（土锚杆）施工机械的要求，同时也要满足土体稳定性的要求。

## 二、施工排水与降水

在基坑开挖前，应做好地面排水和降低地下水位工作。开挖基坑或沟槽时，土的含水层被切断，地下水会不断地渗入基坑。雨季施工时，地面水也会流入基坑。为了保证施工的正常进行，防止边坡塌方和地基承载力下降，在基坑开挖前和开挖时必须做好排水降水工作。基坑排水降水方法，可分为明排水和井点降水法。

### （一）明排水法

明排水法（集水井降水法）是采用截、疏、抽的方法来进行排水。即在开挖基坑时，沿坑底周围或中央开挖排水沟，再在沟底设置集水井，使基坑内的水经排水沟流向集水井内，然后用水泵抽出坑外。如果基坑较深，可采用分层明沟排水法，一层一层地加深排水沟和集水井，逐步达到设计要求的基坑断面和坑底标高。

为防止基底上的土颗粒随水流失而使土结构受到破坏，集水井应设置于基础范围之外，地下水走向的上游。根据地下水量、基坑平面形状及水泵的抽水能力，每隔 20～40 m 设置一个集水井。集水井的直径或宽度一般为 0.6～0.8 m，其深度随挖土的加大而加大，

并保持低于挖土面 0.7~1.0 m。井壁可用竹、木等材料简易加固。当基坑挖至设计标高后，井底应低于坑底 1.0~2.0m，并铺设碎石滤水层（0.3 m 厚）或下部砾石（0.1 m 厚）上部粗砂（0.1 m 厚）的双层滤水层，以免由于抽水时间较长而将泥沙抽出，并防止井底的土被扰动。

明排水法设备少，施工简单，应用广泛。但是当基坑开挖深度大，地下水的动水压力和土的组成可能引起流砂、管涌、坑底隆起和边坡失稳时，则宜采用井点降水法。

### （二）地下水控制

依据场地的水文地质条件、基础规模、开挖深度、各土层的渗透性能等，可选择集水明排、降水以及回灌等方法单独或组合使用。

#### 1. 井点降水

井点降水，就是在基坑开挖前，预先在基坑四周埋设一定数量的滤水管（井），利用抽水设备从中抽水，使地下水位降落到坑底以下，直至施工结束为止。这样，可使所挖的土始终保持干燥状态，改善施工条件，同时还使动力水压力方向向下，从根本上防止流砂发生，并增加土中有效应力，提高土的强度或密实度。因此，井点降水法不仅是一种施工措施，也是一种地基加固方法，采用井点降水法降低地下水位可适当改陡边坡以减少挖土数量，但在降水过程中，基坑附近的地基土壤会有一定沉降，施工时应加以注意。

井点降水法有轻型井点、电渗井点、喷射井点、降水管井、真空降水管井，应根据基坑开挖深度、拟建场地的水文地质条件、设计要求等，在现场进行抽水试验确定降水参数，并制订合理的降水方案。

轻型井点降低地下水位，是沿基坑周围以一定的间距埋入井点管（下端为滤管）至蓄水层，在地面上用集水总管将各井点管连接起来，并在一定位置设置抽水设备，利用真空泵和离心泵的真空吸力作用，使地下水经滤管进入井管，然后经总管排出，从而降低地下水位。

轻型井点设备由管路系统和抽水设备组成。管路系统由滤管、井点管、弯联管及总管等组成。滤管是长 1.0~1.2 m、外径为 38~51 mm 的无缝钢管，管壁上钻有直径为 12~19 mm 的星棋状排列的滤孔，滤孔面积为滤管表面积的 20%~25%。滤管外面包括两层孔径不同的滤网。内层为细滤网，采用 30~40 眼/cm² 的铜丝布或尼龙丝布；外层为粗滤网，采用 5~10 眼/cm² 的塑料纱布。为使流水畅通，管壁与滤网之间用塑料管或铁丝绕成螺旋形隔开，滤管外面再绕一层粗铁丝保护，滤管下端为一铸铁头。

井点管用直径 38~55 mm、长 6~9 m 的无缝钢管或焊接钢管制成，下接滤管，上端通过弯联管与总管相连。弯联管一般采用橡胶软管或透明塑料管，后者可以随时观察井点管出水情况。井点管水平间距宜为 0.8~1.6 m（可根据不同土质和预降水时间确定）。

集水总管为直径 100~127 mm 的无缝钢管，每节长 4 m，各节间用橡皮套管连接，并用钢箍箍紧，防止漏水。总管上装有与井点管连接的短接头，间距为 0.8 m 或 1.2 m。

抽水设备由真空泵、离心泵和水汽分离器（又称为集水箱）等组成。

### 2. 截水

由于井点降水会引起周围地层的不均匀沉降，但在高水位地区开挖深基坑必须采用降水措施以保证地下工程的顺利进展，因此，一方面要保证基坑工程的施工，另一方面又要防范对周围环境引起的不利影响。施工时应设置地下水位观测孔，并对邻近建筑、管线进行监测，在降水系统运转过程中随时检查观测孔中的水位，发现沉降量达到报警值时应及时采取措施。同时如果施工区周围有湖、河等贮水体时，应在井点和贮水体之间设置止水帷幕，以防抽水造成与贮水体穿通，引起大量涌水，甚至带出土颗粒，产生流砂现象。在建筑物和地下管线密集区等对地面沉降控制有严格要求的地区开挖深基坑，应尽可能采取设置止水帷幕，并进行坑内降水的方法，一方面可疏干坑内地下水，以利开挖施工；另一方面可利用止水帷幕切断坑外地下水的涌入，大大减小对周围环境的影响。

止水帷幕的厚度应满足基坑防渗要求，当地下含水层渗透性较强、厚度较大时，可采用悬挂式竖向截水与坑内井点降水相结合，或采用悬挂式竖向截水与水平封底相结合的方案。

### 3. 回灌

场地外缘设置回灌系统也是减小降水对周围环境影响的有效方法。回灌系统包括回灌井点和砂沟、砂井回灌两种形式。回灌井点是在抽水井点设置线外 4~5 m 处，以间距 3~5 m 插入注水管，将井点中抽取的水经过沉淀后用压力注入管内，形成一道水墙，以防止土体过量脱水，而基坑内仍可保持干燥。这种情况下抽水管的抽水量约增加 10%，则可适当增加抽水井点的数量。回灌可采用井点、砂井、砂沟等。

## 三、基坑验槽

基坑（槽）开挖完毕后，应由施工单位、勘察单位、设计单位、监理单位、建设单位及质检监督部门等有关人员共同进行质量检验。

1. 表面检查验槽。根据槽壁土层分布，判断基底是否已挖至设计要求的土层，观察槽底土的颜色是否均匀一致，是否有软硬不同，是否有杂质、瓦砾及古井、枯井等。

2. 钎探检查验槽。用锤将钢钎打入槽底土层内，根据每打入一定深度的锤击次数来判断地基土质情况，此法主要适用于砂土及一般黏性土。

# 第二章　地基桩基础工程

## 第一节　地基加固处理的方法

### 一、地基加固处理概述

当软土地基无法满足承载力或稳定要求时，就需要对地基进行加固。加固的方法大致可以分为以下两类：

1. 夯实法、换填法、挤密桩法、振动水冲法和砂石桩法等。其原理是减小或减少土体里的孔隙，使土颗粒尽可能靠拢，以减少压缩性，提高强度。

2. 灌浆法、旋喷法、深层水泥搅拌法等。其原理是用各种胶结剂把土颗粒胶结在一起。

虽然软土的加固方法有很多，而且还在不断发展，但是每种方法都有一定的适用范围和自身的局限性，因此，必须通过技术经济综合考虑，才可以选择具体的加固方法。在选择地基处理方法前，应该收集详细的工程地质、水文地质和地基基础设计资料；根据工程的设计要求和采用天然地基存在的主要问题，确定地基处理的目的、处理范围和处理后要求达到的各项技术经济指标；结合工程情况，了解本地区地基处理经验和施工条件以及其他地区相似场地上同类工程的地基处理经验和使用情况等。地基处理方法的确定宜按下列步骤进行：

依据结构类型、荷载情况以及使用要求，结合地形地貌、地层结构、地下水特征、土质条件、环境情况及对附近建筑的影响等因素，先初步拟订几种可供考虑的地基处理方案。

通过材料来源及消耗、预期处理效果、机具条件、施工进度以及对环境的影响等方面的技术经济分析和对比，选取最佳的地基处理方案，必要时还可以选择两种或多种地基处理措施组成的综合处理方法。

对已经选定的地基处理方法，应该按建筑物安全等级和场地复杂程度，选择一块具有代表性的场地，在其上进行相应的现场试验或试验性施工，根据测试结果检验设计参数和处理效果，若不符合或达不到设计要求时，要尽快查找原因采取相关措施或修改设计。

# 二、换填法

当建筑物的地基比较软弱、不能满足上部荷载对地基强度和变形的要求时，就需要更改方法，采用换填法。具体实践中可以分为以下三种情况：

一是挖。挖去表面的软土层，把基础埋放在承载力较大的基岩或坚硬的土层里，这种方法适用于软土层薄、上部结构荷载量小的情况。

二是填。当软土层不是很薄，且需要大面积加固处理时，可以在原有的软土层上直接回填一定厚度的好土或砂石、矿石等。

三是换。就是把挖与填相结合，即换土垫层法，施工时先把基础下一定范围里的软土挖去，用人工填筑的垫层作为持力层，按其回填材料的不同可以分为砂垫层、碎石垫层、素土垫层、灰土垫层等。

换填法适用于淤泥、淤泥质土、膨胀土、冻涨土、素填土、杂填土及暗沟、暗塘、古井、古墓或拆除旧基础后的坑穴等的地基处理。

换土垫层的处理深度应该根据建筑物的要求，由基坑开挖的可能性等因素综合考虑并决定，多用于上部荷载较小、基础埋深不厚的多层民用建筑的地基处理工程中，开挖深度不大于 3m。

## （一）砂和砂石地基（垫层）

砂和砂石地基（垫层）采用级配良好、质地坚硬的中粗砂、碎石和卵石等，经过分层夯实，作为基础的持力层，用来提高基础下地基强度，降低地基的压应力，减少沉降量，加速软土层的排水固结。

砂石垫层应用广泛，施工工艺简单，无论是使用机械还是人工都能使地基密实，工期短、造价低；适用于 3m 以内的软弱、透水性强的黏性土地基，不适合用于加固湿陷性黄土和不透水的黏土地基。

### 1. 材料要求

砂石垫层材料，适宜采用级配良好、质地坚硬的中砂、粗砂、石屑和碎石、卵石等，含泥量（质量分数）不得超过 5%，不能含有植物残体、垃圾等杂质。如果是用作排水固结地基，含泥量（质量分数）不得超过 3%；在中、粗砂缺乏的地区，如果用细沙或石屑，则不容易被压实，强度也不高，因此，在用作换填材料时，应掺入粒径不大于 50mm、不少于总重 30% 的碎石或卵石并拌和均匀。如果回填在碾压、夯、振地基上，其最大粒径应不大于 80mm。

2. 施工技术要点

在铺设垫层前应先验槽，把基底表面上的浮土、淤泥、杂物等清理干净，坑侧应有一定坡度，以防止振捣时出现塌方情况。基坑（槽）内若发现有沟、孔洞和墓穴等，应该把它们填实后再做垫层。

垫层底面标高不同时，土面要挖成斜坡或阶梯状，且按先深后浅的顺序施工，搭接处要夯实，分层铺实时接头也要做成斜坡或阶梯搭接，每层错开 0.5~1m，且注意充分捣实。

人工级配的砂石材料，施工前应充分拌匀，再铺夯压实。

砂石垫层压实机械应先选用振动碾和振动压实机，但要依照具体的施工方法和施工地点确认压实效果、分层填铺厚度、压实次数、最优含水量等情况。若没分层厚度可以采用样桩控制。施工时，下层的密实度经过检验合格后才可以进行上层施工。通常，垫层的厚度一般是 200~300mm。

砂石垫层的材料可以根据施工方法的不同对最优含水量进行控制。最优含水量的确定应依据工地试验的结果。至于矿渣在夯实前一定要进行充分洒水，湿透后才能进行夯压。

当地下水高出基础地面时，可以采用排、降水等措施，同时要注意边坡的稳定，防止塌土混进砂石垫层中影响质量。

当采用水撼法施工或插振法施工时，在基槽两侧应设置样桩，控制铺砂的厚度，每层为 250mm。铺砂后，灌水与砂面齐平，把振动棒插入振捣，依次振实，结束的标准是不再有气泡冒出。垫层接头要重复振捣，插入式振动棒振完后残留的孔洞要用砂进行填实。在振动首层垫层时，不应把振动棒插入原土层或基槽边部，防止软土混进砂垫层从而降低砂垫层的强度。

垫层铺设完毕应及时回填，并及时施工基础。

冬季施工时，砂石材料中不得夹有冰块，并应采取措施防止砂石内水分冻结。

3. 质量检验方法

环刀取样法。用容积不小于 200 cm³ 的环刀压入垫层的每层 2/3 深处取样，测定其干密度，合格的标准是不小于通过试验确定的该砂在中密状态下的干密度数值。如果是砂石地基，可在地基中设置纯砂检验点，并在相同的实验条件下，用环刀测试其干密度。

贯入测定法。检验前先把垫层表面的砂刮去 30mm 左右，之后用贯入仪、钢筋或钢叉等以贯入度大小来定性检验砂垫层的质量，用不大于通过相关试验确定的贯入度作为合格的标准。钢筋贯入法用到的钢筋的直径 φ20mm，长 1.25m，在垂直距离砂垫层表面 700mm 处自由下落，测其贯入深度。

## （二）灰土垫层

灰土垫层就是把基础底面以下一定范围内的软弱土挖去，再把按一定体积配合比配合的灰土在最优含水量的情况下分层回填夯实（或压实）。

灰土垫层的材料是石灰和土，其比例一般是 3∶7 或 2∶8（石灰∶土）。灰土垫层的强度将随着用灰量的增加而加强，但当用灰量超出一定值时，其强度不仅不会增强反而会减弱。

灰土地基施工工艺简单、费用低，是一种应用广泛、经济、实用的地基加固方法。适用于加固处理 1~3m 厚的软弱土层。

### 1. 材料要求

（1）土料

土料可以采用就地基坑（槽）挖出来的黏性土或塑性指数大于 4 的粉土，但要过筛，其直径不得超过 15mm，土里有机含量应不超过 5%。块状的黏土和粉土、淤泥、耕植土、冻土都不适宜使用。

（2）石灰

使用可达到国家三等石灰标准的生石灰，使用前要把生石灰消解 3~4d 并过筛，其粒径不大于 5mm。

### 2. 施工技术要点

铺设垫层时应提前验槽，基坑（槽）里如果发现有孔洞、沟和墓穴等，应先把它们进行填实后再做垫层。

灰土在施工前要进行充分的搅拌，控制含水量，通常最优含水量（质量分数）为 16% 左右，当水分不足或过多时，应洒水湿润或晾干。在现场可根据经验直接判断，其方法是手握灰土成团，两指轻捏即碎，此时即可判断灰土已达到最优含水量。

灰土垫层应选用平碾和羊足碾、轻型夯实机及压路机，分层填铺夯实。

分段施工时，不应该在墙角、柱基以及承重窗间墙下接缝，上下两层的接缝距离应大于或等于 500mm，接缝处要夯压密实。

灰土当日就应该铺填夯压，入坑（槽）的灰土不能隔日夯打，如果刚铺筑完或还没有夯实的灰土遇到雨淋浸泡，应及时把积水和松软灰土挖去并填补夯实，受浸泡的灰土要晾干后再夯打密实。

垫层施工完毕后，要及时修建基础并回填基坑，或者做临时遮盖，防止日晒雨淋，需要注意的是，夯实后的灰土在 30d 内不得受水浸泡。

冬季施工，必须在基层不冻的状态下进行，土料要进行覆盖保温，不能使用带有冻土和冰块的土料，施工完的垫层也要用塑料或草袋进行保温。

## 三、振冲密实法

振冲密实法实际上就是利用振动和压力水使砂层液化，砂粒相互挤密，重新排列，孔隙减少，以提高地基的承载力和抗液化能力，所以又名为振冲挤密砂桩法。

### (一) 适用范围

振冲密实法宜用于处理砂土和粉土等地基，不加填料的振冲密实法只适用于处理含粒量（质量分数）小于10%的粗砂、中砂地基。

### (二) 构造及材料

#### 1. 处理范围

应大于建筑物基础范围，在建筑物基础外缘每边放宽不得小于5m。

#### 2. 振冲深度

当可液化的土层不是很厚时，振冲深度要穿透整个可液化土层；当可液化的土层比较厚时，振冲深度要按照要求的抗震处理深度确定。

#### 3. 振冲点布置和间距

振冲点可按等边三角形或正方形进行布置，间距的范围与土的颗粒组成、要求达到的密实度、地下水位、振冲器功率、水量等有关，可通过现场试验确定，一般取1.8~2.5m。

#### 4. 填料

填料一般是碎石、卵石、角砾、圆砾、砾砂、粗砂、中砂等硬质材料。每一个振冲点需要的填料量根据地基土要求达到的密实程度和振冲点间距确定，应通过现场试验确定。

### (三) 机具设备

#### 1. 振冲器

振冲器是由中空轴立式潜水电动机直接带动偏心块振动的短柱状机具，其利用电动机转动通过弹性联轴器带动振动机体中的中空轴，转动偏心块，产生一定频率和振幅的水平振动力。水管从电动机上部进入，穿过两根中空轴至端部进行射水和供水。功率30kW的振冲器最为常用；在既有建筑物邻近施工时，宜用功率较小的振冲器。

## 2. 配套设备

升降振冲器的机具常采用履带式或轮胎式起重机，也可采用自行井架式施工平台或其他合适的机具设备。

振冲水要有一定程度的水压力，其中水泵出口水压为 $400\sim600kPa$，流量 $20\sim30m^3/h$，每一台振冲器都应备用一台水泵。其他的配套设施包括控制电流操作台、150A 电流表、500V 电压表以及供水管道、加料设备（吊斗或翻斗车）等。

### （四）施工工艺和施工顺序

#### 1. 加填料的振冲密实法

加填料的振冲密实法施工可按照下列步骤进行：

（1）清理平整场地、布置振冲点。

（2）施工机具到位，在振冲点上安放钢护筒，使振冲器对准护筒轴心。

（3）启动水泵和振冲器，使振冲器徐徐沉入砂层，水压可用 $400\sim600kPa$，水可用 $200\sim400L/min$，下沉速率宜控制在 $1\sim2m/min$ 范围内。

（4）振冲器达到设计处理深度后，把水压和水量降到孔口有一定量回水，但无大量细颗粒带出的程度，把填料堆于护筒周围。

（5）在振冲器振动下填料依靠自重沿护筒周壁下沉至孔底，在电流升高到规定的控制值后，将振冲器上提 $0.3\sim0.5m$。

（6）重复上一步骤，直到完成全孔处理，详细记录各深度的最终电流值、填料量等。

（7）关闭振冲器和水泵。

#### 2. 不加填料的振冲密实法

与加填料的实施工方法大致相同，即使振冲器沉至设计处理深度，留振至电流稳定地大于规定值后，把振冲器上提 $0.3\sim0.5m$。依照这种操作反复进行，直到完成全孔处理。在中粗砂层中施工时，如果出现振冲器不能贯入的情况，可以增加辅助水管，加快下沉速率。

## 第二节 钢筋混凝土基础施工

### 一、钢筋混凝土基础施工工艺流程

基槽清理、验槽→混凝土垫层浇筑、养护→抄平、放线→基础底板钢筋绑扎、支模板→相关专业施工（如避雷接地施工）→钢筋、模板质量检查，清理→基础混凝土浇筑→混凝土养护→拆模。

### 二、施工注意要点

1. 基槽（坑）应进行验槽，局部软弱土层应挖去，用灰土或砂砾分层回填夯实至与基底相平，并将基槽（坑）内清除干净。

2. 如地基土质良好，且无地下水基槽（坑），第一阶可利用原槽（坑）浇筑，但应保证尺寸正确，砂浆不流失。上部台阶应支模浇筑，模板支撑要牢固，缝隙孔洞要堵严，木模应浇水湿润。

3. 基础混凝土浇筑高度在 2m 以内，混凝土可直接卸入基槽（坑）内，注意混凝土要充满边角。筑高度在 2m 以上时，应通过漏斗、串筒或溜槽，以防止混凝土产生离析分层。

4. 浇筑台阶式基础应按台阶分层浇筑完成，每层先浇筑边角，后浇筑中间。应注意防止上下台阶交接处混凝土出现蜂窝和脱空现象。

5. 锥形基础如斜坡较陡，斜面应支模浇筑，并应注意防止模板上浮。斜坡较缓时，可不支模，注意斜坡及边角部位混凝土的捣固密度，振捣完后，再用人工方法将斜坡表面修正、拍平、拍实。

6. 当基槽（坑）因土质不一挖成阶梯形式时，先从最低处浇筑，按每阶高度，其各边搭长度不应小于 500mm。

7. 混凝土浇筑完后，外露部分应适当覆盖，洒水养护。拆模后，及时分层回填土方并夯实。

### 三、钢筋混凝土独立基础施工

以结构形式为分类依据，钢筋混凝土的独立基础可分为现浇筑锥形基础、现浇筑阶梯形基础、预制柱杯口基础三种。

## （一）现浇筑基础施工

在进行混凝土浇筑之前应当先验槽，轴线、基坑尺寸和土质应符合设计规定；应将坑内的浮土、积水和淤泥等杂物清除干净；挖去局部，如软弱土层，用灰土或砂砾进行回填并夯实。在基坑验槽后应马上进行垫层混凝土的浇筑，目的在于保护地基；用表面振动器对混凝土进行振捣，并实现混凝土表面的平整；当垫层达到一定强度之后，可在其上弹线、支模、铺放钢筋网片；为确保钢筋位置的正确性，可用与混凝土保护层相同厚度的水泥砂浆对底部进行垫塞。

在基础混凝土浇筑前，应当将模板和钢筋上的垃圾、泥土和油污等清除干净；堵严模板之间的缝隙和空洞；用水将木模板的表面浸湿，但不能出现积水。对锥形基础进行混凝土浇筑时，应当注意锥体的斜面坡度，为防止模板出现上浮变形现象，斜面部分的板应当随着混凝土浇捣分段支设并顶紧，要注意捣实边角处的混凝土。

在进行基础混凝土浇筑时，应当选用分层连续浇筑的方法。就阶梯形基础而言，对其进行分层时，适合的厚度是一个台阶的高度，为使得混凝土获得初步沉实，每浇完一层台阶应停 0.5~1h，然后再进行上层的浇筑活动。每一台阶浇完，表面应基本抹平。

当基础上有插筋时，为防止浇捣混凝土的过程中发生位移现象，应按照设计的位置对其加以固定；在基础混凝土浇筑完成之后，应在其上覆盖草帘并浇水对其进行养护。

## （二）预制柱杯口基础施工

杯口模板可选择木模板或钢定型模板，既可做成整体的，也可做成两部分的，并在中间加一块楔形板。拆模时应先取出楔形板，再取出两片杯口模。为了更加方便拆模，可在杯口模的外面包裹上一层薄铁皮，支模时要牢固并压紧杯口的模板。

以台阶分层的方式进行混凝土浇筑。为避免杯口模板在浇筑过程中被挤向一侧，加之杯口模板只在上端固定，在浇捣混凝土时应当在四周对称均匀进行。

杯口基础一般会在杯底留有 50mm 厚的细石混凝土找平层，在进行基础混凝土浇筑时应当注意留出这一空间。在基础浇捣工作完成后，应用倒链将杯口模板在混凝土初凝后和终凝前取出，并将杯口内侧表面混凝土凿毛。

浇筑高杯口基础混凝土时，可选择后安装杯口模板的方式进行，原因是最上一层的台阶较高，不方便施工。

## （三）片筏式钢筋混凝土基础施工

片筏式混凝土基础的外形、构造与倒置的混凝土楼盖具有一定的相似性，其构成要素包括底板和梁等整体构件，可分为平板式和梁板式两种。

在浇筑片筏基础前，应当对基坑进行清扫，并支设模板、铺设钢筋。用水将木模板润湿，并将隔离剂涂在钢模板的表面。

混凝土的浇筑方向应当与次梁的长度方向呈平行关系，平板式片筏基础的浇筑方向应与基础的长边方向呈平行关系。混凝土的浇筑应当一次性完成，如果不能一次性完成整体浇灌，应当留设垂直施工缝，并用木板将其挡住。

当与次梁长度方向相平行进行混凝土浇筑时，应当在次梁中部 1/3 的跨度范围内留设施工缝；平板式基础的施工缝可以留设在任意位置，但前提是要与底板的短边方向平行。对于高出底板部分的梁应选择分层浇筑的方式，且每层浇筑的厚度不宜超过 200mm；当底板或梁上有立柱时，混凝土应浇筑到柱脚顶面，并留设水平施工缝，同时预埋连接立柱的钢筋。在继续浇筑混凝土之前，应当先处理施工缝，处理水平施工缝的方法和处理垂直施工缝的方法一样。

混凝土浇灌完成后，要在其表面覆盖草帘并进行洒水养护，且养护的时间不少于一周。当混凝土基础达到设计强度的 25% 以上时，可将梁的侧模拆除；当混凝土基础达到设计强度的 30% 时，可进行基坑回填。基坑回填应当在其四周同时进行，且以排水方向为基准进行由低到高的分层回填。

# 第三节　桩基础施工

## 一、桩基础施工概述

### （一）桩基础概念和特点

基础分为浅基础和深基础。基础埋置深度 <5m，或者基础埋深小于基础宽度的基础称为浅基础，比如，独立基础、条形基础、筏板基础、箱形基础等；基础埋置深度 >5m，或者基础埋深大于基础宽度的基础称为深基础，比如，桩基础、沉井及地下连续墙等。

桩基础是深基础中的一种，由设置于岩土中的桩和与桩顶联结的承台共同组成的基础或由柱与桩直接联结的单桩基础。桩基础由上方的承台（承台梁）和下方的桩组成，利用承台和基础梁将深入土中的桩联结起来，以便承受整个上部结构的重量。

桩基础具有承载力高、稳定性好、沉降及差异变形小、沉降稳定快、抗震性能强以及能适应各种复杂地质条件等特点而得到广泛使用。

## （二）桩基础类别

桩的种类繁多，按承载性状可分为端承型桩和摩擦型桩两种。端承型桩又分为端承桩和摩擦端承桩，端承桩是指在承载能力极限状态下，桩顶竖向荷载由桩端阻力承受，桩侧阻力小到可忽略不计的桩；摩擦端承桩是指在承载能力极限状态下，桩顶竖向荷载主要由桩端阻力承受的桩。摩擦型桩又分为摩擦桩和端承摩擦桩，摩擦型桩是指在承载能力极限状态下，桩顶竖向荷载由桩侧阻力承受，桩端阻力小到可忽略不计的桩；端承摩擦桩是指在承载能力极限状态下，桩顶竖向荷载主要由桩侧阻力承受的桩。

按桩身的材料可分为钢桩、混凝土或钢筋混凝土桩、钢管混凝土桩等。

按形状可以分为方桩、圆桩、多边形桩等。

按桩径大小分类可以分为小直径桩（d≤250mm）、中等直径桩（250mm<d<800mm）、大直径桩（d≥800mm）等。

按施工方法可以分为预制桩和灌注桩两种。

# 二、预制桩施工技术

预制桩主要包括钢筋混凝土预制桩和钢桩两类。它是一种将预制好的桩构件运至桩位处，用沉桩设备将其沉入或埋入土中而成的桩基础。以钢筋混凝土预制桩为例，在施工前，首先要制订详细的施工方案，主要内容包括：桩的预制、运输、施工方法、选择沉桩机械、确定打桩顺序，以及沉桩过程中的技术和安全措施等，一般的施工流程如下：

制作→起吊→运输→堆放→沉桩

## （一）预制桩的制作、起吊、运输和堆放

钢筋混凝土预制桩分为实心桩和管桩（空心桩），又分为钢筋混凝土桩和预应力钢筋混凝土桩。实心桩截面有三角形、圆形、六边形、八边形、矩形等。为了便于预制，一般做成方形断面。

实心方桩的截面尺寸一般在250~550mm之间，预制短桩（10m以内）多由工厂生产；长桩一般在现场预制（单节一般在27m以内，如桩长超过单节桩允许长度，则将桩预制成几节，在打桩过程中逐节接长）。

管桩为空心圆桩，直径一般在400~500mm。

预应力空心管桩具有强度高、质量稳定、经济、施工方便、对周围建筑物影响小的特点，混凝土强度可达C60~C80，外径400~800m，壁厚50~70mm，单根桩长不超过20m。

## 1. 桩的制作

预制桩的制作方法有并列法、间隔法、重叠法、翻模法等。底模和场地应平整坚实，防止浸水沉陷。对于重叠法重叠层数不宜超过四层，层与层之间及桩与底模间应涂刷隔离剂，使接触面不黏结，拆模时不得损坏桩棱角；上层桩或邻桩的灌注，必须待下层桩或邻桩的混凝土达到设计强度的30%后才能浇筑；强度等级≥C30，应采用机械搅拌、振捣，混凝土应由桩顶向桩尖进行连续浇筑，不得中断，以保证桩身混凝土有良好的匀质性和密实性；制作完成后应及时浇水养护且不得少于7天。

钢筋混凝土预制桩的钢筋骨架主筋的连接宜采用对焊，接头应错开，桩尖用钢制。钢骨架的偏差应符合有关规定，混凝土宜采用机械搅拌，机械振捣，由桩顶向桩尖连续浇筑捣实，一次完成，严禁中断。

预应力钢筋混凝土管桩一般由工厂用离心旋转法制作。管桩按混凝土强度等级分为预应力混凝土管桩（混凝土等级不低于C50）和预应力高强混凝土管桩（混凝土等级不低于C80）。管桩接头宜采用端板焊接，端板的宽度不得小于管桩的壁厚，接头的端面必须与桩身的轴线垂直。

## 2. 桩的起吊、运输

预制桩应在混凝土强度达到设计强度的70%后方可起吊，达到设计强度的100%后方可进行运输和沉桩。如须提前吊运或沉桩，则须采取措施，经承载力和抗裂度验算合格后方可进行。预制桩在起吊和运输时，应做到平稳、安全，不得损坏预制桩棱角，且吊点应符合设计要求。预制桩吊点位置的确定原则为：弯矩最小。

当预制桩的混凝土达到设计强度100%方可运输，打桩前，桩从制作处运到现场前以备打桩，并应根据打桩顺序随打随运以避免二次搬运。预制桩在运输过程中，应注意：远距离运输时，采用汽车；近距离运输时，采用卷扬机拖运，预制桩下垫滚筒。

## 3. 桩的堆放

桩堆放时，地面必须平整、坚实，垫木间距应根据吊点确定，各层垫木应位于同一垂直线上，最下层垫木应适当加宽，堆放层数不宜超过四层。不同规格的桩，应分别堆放。

### （二）预制桩的沉桩

预制桩按沉桩设备和沉桩方法，可以分为锤击法沉桩、静力压桩、振动法沉桩、水冲法沉桩等。

## 1. 锤击法沉桩

锤击沉桩也称打入桩，是利用桩锤下落产生的冲击能量将桩沉入土中，锤击沉桩是混凝土预制桩最常用的沉桩方法。该方法具有施工速度快、机械化程度高、适应范围广、现场文明程度高等优点；但也存在施工时有噪声污染和振动，对于城市中心和夜间施工有所限制等缺点。

（1）锤击法施工机械设备及选用

打桩设备包括桩锤、桩架和动力装置三部分。桩锤是对桩施加冲击，把桩打入土中的主要机具。桩架是支持桩身和桩锤，在打桩过程中引导桩的方向，并保证桩锤能沿着所要求方向冲击的打桩设备。动力装置包括驱动桩锤及卷扬机用的动力设备（发电机、蒸汽锅炉、空气压缩机等）、管道、滑轮组和卷扬机等。

①桩锤

桩锤主要有落锤、蒸汽锤（单动和双动）、柴油锤和液压锤，目前应用最多的是柴油锤。用锤击沉桩时，力求采用"重锤低击"。

a. 桩锤的选择

桩锤可选用落锤、汽锤、柴油锤。

b. 落锤

落锤一般由铸铁制成，重 $5\sim15kN$，每分钟打 $6\sim20$ 次，具有构造简单、使用方便、效率低等特点，适用于普通黏土、砾石较多的土中打桩。它利用卷扬机将锤提升到一定高度，然后自由落下击打桩顶。

c. 汽锤

汽锤是以高压蒸汽或压缩空气为动力的打桩机械，其效率与土质软、硬的关系不大，常用在较软弱的土层中打桩。气锤有单动汽锤和双动汽锤两种。

d. 柴油锤

柴油锤是以柴油为燃料，利用燃油爆炸来推动活塞往返运动进行锤击打桩。其锤击次数为 $40\sim80$ 次/分钟，适用于在非过软或过硬土质中打桩。

e. 锤重的选择

锤重选择应根据地质条件、工程结构、桩的类型、密集程度及施工条件等参考规范选用。

②桩架

桩架起到将桩提升就位，并在打桩过程中引导桩的方向，保证桩锤能沿着设定方向冲击的作用。常用的桩架有滚管式、轨道式、步履式和履带式。

③动力装置

动力装置的配置取决于所选的桩锤，包括起动桩锤用的动力设施。当选用蒸汽锤时，则须配备蒸汽锅炉和卷扬机。

（2）打桩前的准备工作

①清除妨碍施工的地上和地下的障碍物

平整施工场地，定位放线，料具进场，设置供电、供水系统，安装打桩机等。

②桩基轴线的定位点及水准点的设置

桩基轴线的定位点及水准点，应设置在不受打桩影响的地点，水准点不少于两个。在施工过程中可据此检查桩位的偏差以及桩的入土深度。

③确定打桩顺序

确定打桩顺序是合理组织打桩的重要前提，也是避免土体挤密、偏移、变位、浮桩的重要措施。当桩的中心距小于四倍桩径时，打桩顺序尤为重要。打桩顺序一般有逐排打桩、自中部向边沿打桩、分段打桩三种情况。

（3）打桩

①打桩工艺流程

准备→桩架就位→吊桩就位→放衬垫层→扣桩帽、落锤、脱吊钩→校正→低锤轻打（0.5~0.8m）→正式打桩→接桩→送桩→截桩。

②要点

a. 低锤轻打：定位（1~2m）。

b. 正式打桩：重锤低击（冲量小，动量大，不易损坏桩顶和桩身，效率高）。

c. 注意贯入度变化，做好打桩记录。

如遇异常情况（贯入度剧变；桩身突然倾斜、位移、回弹；桩身严重裂缝或桩顶破碎），暂停施打，与有关单位研究处理。

d. 接桩。

混凝土预制桩接头不宜超过两个。接头的连接方法有：焊接法、法兰连接法、浆锚法。

e. 送桩：须借助送桩器。

f. 截桩。

当桩顶露出地面并影响后续桩施工时，应立即进行截桩头，而桩顶在地面以下不影响后续桩施工时，可结合凿桩头进行。预制混凝土桩可用人工或风动工具（如风镐等）来截除。不得把桩身混凝土打裂，并保留桩身主筋深入承台内的锚固长度。

③桩的质量控制

打桩质量包括两个方面的内容：一是能否满足贯入度或标高的设计要求；二是打入后的偏差是否在施工及验收规范允许范围以内。

摩擦桩的入土深度控制：以标高为主，最后贯入度作为参考。

端承桩的入土深度控制：以最后贯入度为主，标高作为参考。

## 2. 静力压桩

静力压桩是利用静压力将预制桩压入土中的一种沉桩工艺。静力压桩机工作原理是在预制桩压入过程中，以桩机重力（自重和配重）作为作用力，克服压桩过程中桩身周围的摩擦力和桩尖阻力，将桩压入土中。静力压桩适用于软土地区的桩基施工。

静力压桩是利用静压力将桩压入土中，施工中虽然仍然存在挤土效应，但没有振动和噪声，钢筋水泥用量少，造价低，是近年来广泛应用的沉桩方法。适用于软弱土层和邻近有怕振动的建（构）筑物的情况。

静力压桩机有机械式和液压式之分，目前使用的多为液压式静力压桩机，压力可达5000kN。

静力压桩工艺流程：测量定位→压桩机就位→吊桩、插桩→桩身对中调直→静压沉桩→接桩→再静压沉桩→送桩→终止压桩→切割桩头。

为保证桩基施工正常进行，沉桩前的施工准备工作必不可少。

（1）施工准备工作

①整平场地，清除桩基范围内的高空、地面、地下障碍物；架空高压线距打桩架不得小于10m；修设桩机进出、行走道路，做好排水措施。

②按图纸布置进行测量放线，定出桩基轴线，先定出中心，再引出两侧，并将桩的准确位置测设到地面，每一个桩位打一个小木桩；并测出每个桩位的实际标高，场地外设2~3个水准点，以便随时检查之用。

③检查桩的质量，将须用的桩按平面布置图堆放在打桩机附近，不合格的桩不能运至打桩现场。

④检查打桩机设备及起重工具；铺设水电管网，进行设备架立组装和试打桩。在桩架上设置标尺或在桩的侧面画上标尺，以便能观测桩身入土深度。

⑤打桩场地建（构）筑物有防震要求时，应采取必要的防护措施。

⑥学习、熟悉桩基施工图纸，并进行会审；做好技术交底，特别是地质情况、设计要求、操作规程和安全措施的交底。

⑦准备好桩基工程沉桩记录和隐蔽工程验收记录表格，并安排好记录和监理人员等。

（2）吊桩定位

打桩前，按设计要求进行桩定位放线，确定桩位，每根桩中心钉一小桩，并设置油漆标志；桩的吊立定位，一般利用桩架附设的起重钩借桩机上卷扬机吊桩就位，或配一台履带式起重机送桩就位，并用桩架上夹具或落下桩锤借桩帽固定位置。

（3）静压沉桩

①压桩时，桩机就位系利用行走装置完成，它是由横向行走（短船行走）和回转机构组成。把船体当作铺设的轨道，通过横向和纵向油缸的伸程和回程使桩机实现步履式的横向和纵向行走。当横向两油缸一只伸程、另一只回程，可使桩机实现小角度回转，这样可使桩机达到要求的位置。

②静压预制桩每节长度一般在 12m 以内，插桩时先用起重机吊运或用汽车运至桩机附近，再利用桩机上自身设置的工作吊机将预制混凝土桩吊入夹持器中，夹持油缸将桩从侧面夹紧即可开动压桩油缸，先将桩压入土中 1m 左右后停止，调正桩在两个方向的垂直度后，压桩油缸继续伸长把桩压入土中，伸长完后，夹持油缸回程松夹，压桩油缸回程，重复上述动作可实现连续压桩操作，直至把桩压入预定深度土层中。在压桩过程中要认真记录桩入土深度和压力表读数的关系，以判断桩的质量及承载力。当压力表读数突然上升或下降时，要停机对照地质资料进行分析，判断是否遇到障碍物或产生断桩现象等。

③压桩应连续进行，如须接桩，可压至桩顶离地面 0.8~1.0m 用硫黄砂浆锚接，一般在下部桩留 $\phi$50mm 锚孔，上部桩顶伸出锚筋，长 15~20d，硫黄砂浆接桩材料和锚接方法与锤击法相同，但接桩时避免桩端停在砂土层上，以免再压桩时阻力增大压入困难。再用硫黄胶泥接桩间歇不宜过长（正常气温下为 10~18min）；接桩面应保持干净，浇筑时间不超过 2min；上下桩中心线应对齐，节点矢高不得大于 1‰桩长。

④当压力表读数达到预先规定值，便可停止压桩。如果桩顶接近地面，而压桩力尚未达到规定值，可以送桩。静力压桩情况下，只须用一节长度超过要求送桩深度的桩，放在被送的桩顶上便可以送桩，不必采用专用的钢送桩，如果桩顶高出地面一段距离，而压桩力已达到规定值时则要截桩，以便压桩机移位。

⑤压桩应控制好终止条件，一般可按以下情形进行控制：

a. 对于摩擦桩，按照设计桩长进行控制，但在施工前应先按设计桩长试压几根桩，待停置 24h 后，用与桩的设计极限承载力相等的终压力进行复压，如果桩在复压时几乎不动，即可以此进行控制。

b. 对于端承摩擦桩或摩擦端承桩，按终压力值进行控制。

对于桩长大于 21m 的端承摩擦桩，终压力值一般取桩的设计极限承载力。当桩周土为黏性土且灵敏度较高时，终压力可按设计极限承载力的 0.8~0.9 倍取值。

当桩长小于 21m，而大于 14m 时，终压力按设计极限承载力的 1.1~1.4 倍取值；或桩的设计极限承载力取终压力值的 0.7~0.9 倍。

当桩长小于 14m 时，终压力按设计极限承载力的 1.4~1.6 倍取值；或设计极限承载力取终压力值 0.6~0.7 倍，其中对于小于 8m 的超短桩，按 0.6 倍取值。

c. 超载压桩时，一般不宜采用满载连续复压法，但在必要时可以进行复压，复压的次数不宜超过两次，且每次稳压时间不宜超过 10s。

### 3. 振动法沉桩

振动法是利用振动锤沉桩，将桩与振动锤连接在一起，振动锤产生的振动力通过桩身带动土体振动，使土体的内摩擦角减小、强度降低而将桩沉入土中。该方法在砂土中施工效率较高。

振动沉桩法主要适用于砂石、黄土、软土和亚黏土地基，在饱和砂土中的效果更为显著，但在砂砾层中采用时，须配以水冲法。沉桩工作应连续进行，以防间歇过久难以沉桩。

### 4. 预制桩沉桩常见的质量问题及安全技术措施

（1）桩身断裂

桩在沉入过程中，桩身突然倾斜错位，当桩尖处土质条件没有特殊变化，而贯入度突然增大，施压油缸的油压显示突然下降引起机台抖动，这时可能是桩身断裂。

原因：

①桩制作时，桩身弯曲超过规定，桩尖偏离桩的纵轴线较大，沉入过程中桩身发生倾斜或弯曲。

②桩入土后，遇到大块坚硬的障碍物，把桩尖挤向一侧。

③稳桩不垂直，压入地下一定深度后，再用走架方法校正，使桩身产生弯曲。

④两节桩或多节桩施工时，相接的两节桩不在同一轴线上，产生了曲折。

⑤制作桩的混凝土强度不够，桩在堆放、吊运过程中产生裂纹或断裂未被发现。

预防措施：

①施工前应对桩位下的障碍物清理干净，必要时对每个桩位用钎探了解。对桩构件要进行检查，发现桩身弯曲超过规定（L/1 000 且≤20mm）或桩尖不在桩纵轴线上的不宜使用。

②在稳桩过程中如发现桩不垂直应及时纠正，桩压入一定深度发生严重倾斜时不宜采用移架方法来校正。接桩时要保证上下两节桩在同一轴线上，接头处应严格按照操作要求执行。

③桩在堆放、吊运过程中，应严格按照有关规定执行，发现桩开裂超过有关验收规定时不得使用。

（2）桩顶掉角

在沉桩过程中，桩顶出现掉角。

原因：①预制的混凝土配比不良，施工控制不严，振捣不密实等或养护时间短，养护措施不足。②桩顶面不平，桩顶平面与桩轴线不垂直，桩顶保护层过厚。③桩顶与桩帽的接触面不平，桩沉入时不垂直，使桩顶面倾斜，造成桩顶面局部受集中应力而掉角。④沉桩时，桩顶衬垫已损坏未及时更换。

预防措施：①桩制作时，要振捣密实，桩顶的加密箍筋要保证位置准确，桩成形后要严格加强养护。②沉桩前应对桩构件进行检查，检查桩顶有无凹凸现象、桩顶面是否垂直于轴线、桩尖有否偏斜，对不符合规范要求的桩不宜使用，或经过修补等处理后才能使用。③检查桩帽与桩的接触面处是否平整，如不平整应进行处理才能施工。④沉桩时稳桩要垂直，桩顶要有衬垫，如衬垫失效或不符合要求时要更换。

（3）沉桩达不到要求

桩设计是以最终贯入度和最终桩长作为施工的最终控制。一般情况下，以最终贯入度控制为主，结合以最终桩长控制参数，有时沉桩达不到设计的最终控制要求。

原因分析：①勘探点不够或勘探资料粗糙，对工程地质情况不明，尤其是对持力层起伏标高不明，致使设计考虑持力层或选择桩长有误。②勘探工作是以点带面，对局部硬夹层、软夹层不可能全部了解清楚，尤其在复杂的工程地质条件下，还有地下障碍物，如大块石头、混凝土等。压桩施工遇到这种情况，就会达不到设计要求的施工控制标准。③以新近砂层为持力层时或穿越较厚的砂夹层，由于其结构的不稳定，同一层土的强度差异很大，桩沉入该层时，进入持力层较深才能达到贯入度或容易穿越砂夹层，但群桩施工时，砂层越挤越密，最后会有沉不下去的现象。

预防措施：①详细探明工程地质情况，必要时应做补勘，正确选择持力层或标高。②根据工程地质条件，合理地选择施工方法及压桩顺序。

（4）桩顶位移

在沉桩过程中，相邻的桩产生横向位移或桩身上浮。

原因：①桩入土后，遇到大块坚硬障碍物，把桩尖挤向一侧。②两节桩或多节桩施工时，相接的两桩不在同一轴线上，产生了曲折。③桩数较多，土饱和密实，桩间距较小，在沉桩时土被挤到极限密实度而向上隆起，相邻的桩被浮起。④在软土地基施工较密集的群桩时，由于沉桩引起的孔隙水压力把相邻的桩推向一侧或浮起。

预防措施：①施工前应对桩位下的障碍物清理干净，必要时对每个桩位用钎探了解。对桩构件要进行检查，发现桩身弯曲超过规定（L/1 000 且≤20mm）或桩尖不在桩纵轴线上的不宜使用。②在稳桩过程中，如发现桩不垂直应及时纠正，接桩时要保证上下两节桩在同一轴线上，接头处应严格按照操作要求执行。③采用井点、砂井或盲沟等降水或排水措施。④沉桩期间不得开挖基坑，需要沉桩完毕后相隔适当时间方可开挖，相隔时间应视具体地质情况、基坑开挖深度、面积、桩的密集程度及孔隙水压力消散情况来确定，一般宜两周左右。

（5）接桩处开裂

接桩处经施工后，出现松脱开裂。

原因：①采用焊接连接时，连接件不平，有较大的间隙，造成焊接不牢。②焊接质量不好，焊接不连续、不饱满，焊缝中有夹渣等。③两节桩不在同一直线上，在接桩处产生曲折，压入时接桩处局部产生集中应力而破坏连接。

预防措施：①检查连接部件是否牢固、平整和符合设计要求，如有问题，必须进行修正才能使用。②接桩时，两节桩应在同一轴线上，焊接预埋件应平整服帖，焊缝应饱满连续，当采用硫黄胶泥接桩时，应严格按操作规程操作，特别是配合比应经过试验，熬制及施工时温度应控制好，保证硫黄胶泥达到设计强度。

（6）安全技术措施

①压桩施工前应对邻近的建筑物采取有效的防护措施，施工时应随时进行观测。

②机械司机在施工操作时，必须听从指挥信号，不得随意离开岗位，应经常注意机械的运转情况，发现异常应立即检查处理。

③桩应达到设计强度75%方可起吊，100%方可运输和压桩。

④桩在起吊和搬运时，必须做到吊点符合设计要求，如设计没有提出吊点要求时，当桩长在16m内，可用一个吊点起吊，吊点位置在桩端至入0.29桩长处，但一般宜用两个吊点，吊点在桩距离两端头0.21桩长处。

（7）桩的堆放应符合下列要求

①场地应平整、坚实，不得产生不均匀下沉。

②垫木与吊点位置应相同，并应保持在同一平面内。

③同桩号（规格）的桩应堆放在一起，桩尖应向一端，便于施压。

④多层的垫木应上下对齐，最下层的垫木应适当加宽。堆放的层数一般不宜超过四层。预应力管桩堆放时，层与层之间可设置垫木，也可以不设置垫木，层间不设垫木时，最下层的贴地垫木不得省去，垫木边缘处的管桩应用木楔塞紧，防止滚动。

# 三、灌注桩施工技术

## （一）灌注桩施工概述

### 1. 混凝土灌注桩的特点

混凝土灌注桩有噪声低、振动小、桩长和直径可按设计要求变化自如、桩端能可靠地进入持力层或嵌入岩层、挤土影响小、含钢量低等特点。但成桩工艺较复杂、成桩速度较预制打入桩慢、成桩质量与施工水平有密切关系。

**2. 灌注桩种类**

按照成孔方法，灌注桩可分为钻孔灌注桩、振动沉管灌注桩（套管成孔灌注桩）、人工挖孔大直径灌注桩、爆破成孔灌注桩等。

### （二）钻孔灌注桩施工工艺

钻孔灌注桩又分为干作业成孔灌注桩和湿作业成孔灌注桩。

**1. 干作业成孔灌注桩**

干作业成孔灌注桩适用于成孔深度内无地下水且土质较好的情况，一般采用螺旋钻机钻孔，吊放钢筋笼，浇筑混凝土。

螺旋钻头外径分别为 $\phi400mm$、$\phi500mm$、$\phi600mm$，钻孔深度相应为 12m、10m、8m。

适用于成孔深度内没有地下水的一般黏土层、砂土及人工填土地基，不适于有地下水的土层和淤泥质土。

（1）钻孔灌注桩施工工艺流程

干作业成孔灌注桩的施工工艺流程为：平整场地→定桩位→钻机对位、校垂直→开钻出土清孔→放钢筋骨架→浇混凝土。

（2）施工要点

钻进时要求钻杆垂直，如发现钻杆摇晃、移动、偏斜或难以钻进时，可能遇到坚硬夹杂物，应立即停车检查，妥善处理。否则，会导致桩孔严重偏斜，甚至钻具被扭断或损坏。

钻孔偏移时，应提起钻头上下反复打钻几次，以便削去硬土。如纠正无效，可在孔中局部回填黏土至偏孔处以上 0.5m，再重新钻进。

①混凝土及时浇筑，土质好、没雨水冲刷成孔时间到混凝土浇筑，也不得多于 24h。

②强度等级不低于 C15，坍落度黏土 50～70mm、砂土 70～90mm。

③浇混凝土时放护筒。

④深度大于 6m 时靠混凝土下冲力自身砸实，小于 6m 时用加长的振捣器或长竹竿捣实。浇筑振捣应分层进行，每层高度不大于 1.5m。

（3）干作业钻孔灌注桩其他作业方式

扩底干作业钻孔灌注桩：扩底干作业钻孔灌注桩的扩孔最大直径为 1000～1200mm，最大钻孔深度为 4～5m。

钻孔压浆成桩法：

①工艺原理

先用螺旋钻机钻孔至要求深度，通过钻杆芯管利用钻头处的喷嘴向孔内自下而上高压喷注制备好的水泥和骨料至桩顶设计标高，最后再由孔底向上高压补浆。

②特点

由于高压注浆时水泥浆的渗透扩散，防止了断桩、缩颈、桩间虚土等现象的发生，还有局部膨胀扩径，因此，其单桩承载力相比普通灌注桩有明显提高。

无振动、无噪声，又能在流砂、卵石、地下水位高、易塌孔等复杂地质条件下顺利成孔成桩。这种方法的成桩桩径一般为 300~1000mm，深度可达 50m。

**2. 湿作业成孔灌注桩（泥浆护壁成孔灌注桩）**

泥浆护壁成孔是指机械钻孔时利用泥浆保护稳定孔壁。它通过循环泥浆将切削的泥石碴屑悬浮后排出孔外。适用于成孔深度内有地下水或土质较差的土层。

（1）施工工艺流程

①埋设护筒

护筒应为 3~5mm 钢板制成的圆筒，其内径应大于钻头直径 100~200mm，侧面有溢浆孔。起到保护孔口、定位、防止地面水流入、增高桩孔内水压力，防止塌孔的作用。另外，护筒埋入黏土中的深度不宜小于 1.0m，埋入砂土中深度不宜小于 1.5m；顶面高出地面 0.4~0.6m，并应保持孔内泥浆面高出地下水位 1~2m。

②制备泥浆

泥浆的作用：在湿作业成孔灌注桩施工中，泥浆具有非常重要的作用，其能渗填到孔壁土层孔隙中，避免孔内漏水，保持护筒内水压稳定。另外，泥浆相对密度较大，加大了孔内的水压力，可以稳固孔壁，防止塌孔；通过循环泥浆可将切削的泥石碴悬浮后排出，起到携砂、排土的作用。除此之外，泥浆还可冷却钻头，避免钻孔过程中钻头过热。

泥浆制备方法：在黏性土中成孔时，制备泥浆可在孔中注入清水，钻头切削土屑并与水搅拌，利用原土自成泥浆，泥浆的比重应控制在 1.1~1.2。

在其他土中成孔时，可用高塑性黏性土适当加入外加剂制备泥浆，泥浆比重应控制在 1.1~1.5。

为了保证所制备泥浆的性能符合要求，在施工中经常通过测定泥浆的黏度、含砂率及胶体率来进行。

注：泥浆含砂率——它以泥浆经筛网过滤后体积的变化来确定，用百分比来表示。黏度——它是由黏度计中流出 500mL 的泥浆所需的时间来计算，单位 s。胶体率是泥浆中土

粒保持悬浮状态的性能。测定方法可将 100mL 泥浆倒入 100mL 的量杯中，用玻璃片盖上，静置 24h 后、测量量杯上部水体积。其体积如为 5mL，则胶体率为 100-5＝95，即 95%。

③成孔

成孔方法根据所采用机械不同，可分为回转钻机成孔、潜水钻机成孔、冲击钻机成孔以及冲抓锥成孔，其中，回转钻机成孔为国内灌注桩施工中最常用的方法之一。

回转钻机成孔通过钻机回转装置带动钻杆和钻头回转切削破碎岩土来成孔。回转钻机成孔按其排渣方式分为正循环回转钻成孔和反循环回转钻成孔两种。

在正循环回转钻成孔和反循环回转钻成孔中，就使用效果而言，反循环钻优于正循环钻，排渣速度是正循环钻的 40 倍。除此之外，两者成孔桩径均可达 1m，但正循环深度不宜超过 40m，因此，若桩长大于 40m，用反循环钻比较合适。

潜水钻机是将动力装置沉入孔内泥浆中，电动机通过变速箱带动钻头旋转切土成孔。潜水钻体积小、质量轻、灵活、成孔速度快，适用于地下水位高的淤泥质土、黏性土、砂质土。成孔孔径可达 600~800mm，深度可达 50m。同回转钻机成孔类似，潜水钻机也可根据排渣方式分为正循环潜水钻机成孔和反循环潜水钻机成孔。

冲击钻成孔适用于各种软土及风化岩层，成孔孔径可达 600 ~ 1200mm，深度可达 30m。

冲抓锥成孔适用于有坚硬夹杂物的黏土、砂卵石土、碎石类土，成孔孔径可达 450 ~ 600mm，深度可达 10m。

在上述四种成孔方法中，回转钻机成孔、潜水钻机成孔适用于黏性土、淤泥、砂土成孔；冲击钻机成孔、冲抓锥成孔适用于碎石土、砂土、黏性土、风化岩土成孔。

④清孔

清孔的目的在于清除孔底沉渣、淤泥，以减少桩基的沉降量，提高承载能力。清孔的方法根据土质不同而有差异，对于土质较好不易坍塌的土质，可用空气吸泥机清孔，同时不断补充清水或泥浆来进行。

对于稳定性较差的土质，可采用泥浆循环法清孔或抽筒排渣来进行。

⑤水下浇筑混凝土（导管法）

水下浇筑混凝土施工技术要点如下：

a. 材料性能要求。

b. 钢筋笼下放后应在 4h 内浇筑。

c. 导管顶部高于泥浆面 3~4m，导管底部距离桩孔底部 0.3~0.5m。

d. 导管内设隔水栓，第一次浇筑管内混凝土 0.8~1.3m。

e. 边浇边拔、管口埋入混凝土不少 1m。

f. 混凝土浇筑面超过设计标高 300~500mm，硬化后凿去该层。

（2）常见的质量事故与处理方法

①孔壁坍塌

a. 现象：护筒内水位突然下降或排出的泥浆中不断出现气泡。

b. 原因：碰撞护筒及孔壁；桩孔内泥浆水位下降；护筒周围未用黏土紧密填实。

c. 处理方法：

塌孔不严重：用石子黏土回填到塌孔位置上 1~2m，重新开钻，并调整泥浆比重和液面高度形成坚固孔壁后，再正常冲击。

塌孔严重：全部回填、等回填沉积物密实后再重新钻孔。

②偏孔（孔位或孔身）

a. 现象：测量仪器观测。

b. 原因：护筒倾斜或位移、桩架不稳固、导杆不垂直、土层软硬不均、遇到探头石或基岩倾斜。

c. 处理方法：如土层软硬不均可低速钻进；如有探头石，可用取岩钻除去或低锤密击将石击碎；遇基岩倾斜，可投入毛石于低处，再开钻或密打。

若偏移不大，可在偏斜处用钻头上下反复扫孔直至孔位校正；若偏移过大，应填入石子或黏土，重新成孔。

③孔底隔层

a. 现象：桩底泥渣过厚。

b. 原因：清孔不彻底；混凝土浇筑时碰撞孔壁。

c. 处理方法：做好清孔工作；保护好孔壁。

④夹泥或软弱夹层

a. 现象：桩身混凝土混进泥浆或形成浮浆泡沫软弱夹层。

b. 原因：浇筑混凝土时孔壁坍塌或导管下口埋入混凝土高度太小，泥浆被喷翻，混入混凝土中。

c. 防止措施：在钢筋笼放孔内 4h 内浇混凝土、保持导管下口埋入混凝土下的高度。

⑤流砂

a. 现象：指成孔时发现大量流砂涌塞孔底。

b. 原因：孔外水压力比孔内水压力大，孔壁土松散。

c. 处理方法：流砂严重时可抛入碎砖石或黏土，用锤冲入流砂层，防止流砂涌入。

# 第三章　混凝土结构工程

## 第一节　钢筋工程施工

### 一、钢筋的验收与配料

#### （一）钢筋的验收与储存

**1. 钢筋的验收**

钢筋进场应有出厂证明书或试验报告单，每捆（盘）钢筋应有标牌。钢筋应无有害的表面缺陷，按盘卷交货的钢筋应将头尾有害缺陷部分切除。钢筋进场时，应按国家现行相关标准的规定抽取试件做屈服强度、抗拉强度、伸长率、弯曲性能和重量偏差检验，检验结果应符合相应标准的规定。

**2. 钢筋的储存**

钢筋进场后，必须严格按批分等级、牌号、直径、长度挂牌存放，不得混淆。钢筋应尽量堆入仓库或料棚内。条件不具备时，应选择地势较高、土质坚硬的场地存放。堆放时，钢筋下部应垫高，离地至少 20 cm 高，以防钢筋锈蚀。在堆场周围应挖排水沟，以利泄水。

#### （二）钢筋的下料计算

钢筋的下料是指识读工程图纸，计算钢筋下料长度和编制配筋表。

**1. 钢筋下料长度**

（1）钢筋长度

施工图（钢筋图）中所指的钢筋长度是钢筋外缘至外缘之间的长度，即外包尺寸。

（2）混凝土保护层厚度

是指最外层钢筋外边缘至混凝土表面的距离，其作用是保护钢筋在混凝土中不被锈蚀。混凝土的保护层厚度一般用水泥砂浆垫块或塑料卡垫在钢筋与模板之间来控制。塑料卡的形状有塑料垫块和塑料环圈两种。塑料垫块用于水平构件，塑料环圈用于垂直构件。

（3）钢筋接头增加值

由于钢筋直条的供货长度一般为 6~10 m，而有的钢筋混凝土结构的尺寸很大，需要对钢筋进行接长。

（4）钢筋弯曲调整值

钢筋有弯曲时，在弯曲处的内侧发生收缩，外皮却出现延伸，而中心线则保持原有尺寸。钢筋长度的度量方法系指外包尺寸，因此钢筋弯曲以后存在一个调整值，在计算下料长度时必须加以扣除。

（5）钢筋弯钩增加值

弯钩形式最常用的有半圆弯钩、直弯钩和斜弯钩。受力钢筋的弯钩和弯折应符合下列规定：

①HPB300 级钢筋末端应做 180°弯钩时，其弯弧内直径不应小于钢筋直径的 2.5 倍，弯钩的平直段长度不应小于钢筋直径的 3 倍。

②当设计要求钢筋末端须做 135°弯钩时，HRB400 级带肋钢筋的弯弧内直径不应小于钢筋直径的 4 倍，弯钩的平直段长度应符合设计要求。

③钢筋做不大于 90°的弯折时，弯折处的弯弧内直径不应小于钢筋直径的 5 倍。

④除焊接封闭式箍筋外，箍筋的末端应做弯钩，弯钩形式应符合设计要求；当无具体要求时，应符合下列规定：

a. 箍筋弯钩的弯弧内直径除应满足上述要求外，尚应不小于纵向受力钢筋的直径。

b. 箍筋弯钩的弯折角度：对一般结构构件，不应小于 90°；对有抗震设防要求或设计有专门要求的结构构件，不应小于 135°。

c. 箍筋弯折后平直段长度：对一般结构构件，不应小于箍筋直径的 5 倍；对有抗震设防要求或设计有专门要求的结构构件，不应小于箍筋直径的 10 倍和 75 mm 的较大值。

为了箍筋计算方便，一般将箍筋的弯钩增加长度、弯折减少长度两项合并成一箍筋调整值。计算时将箍筋外包尺寸或内皮尺寸加上箍筋调整值即为箍筋下料长度。

### 2. 钢筋下料长度的计算

直筋下料长度=构件长度+搭接长度-保护层厚度+弯钩增加长度

弯起筋下料长度=直段长度+斜段长度+搭接长度-弯折减少长度+弯钩增加长度

箍筋下料长度=直段长度+弯钩增加长度-弯折减少长度

        =箍筋周长+箍筋调整值

### （三）钢筋配料

钢筋配料是钢筋加工中的一项重要工作，合理地配料能使钢筋得到最大限度地利用，并使钢筋的安装和绑扎工作简单化。钢筋配料是依据钢筋表合理安排同规格、同品种的下料，使钢筋的出厂规格长度能够得以充分利用，或库存的各种规格和长度的钢筋得以充分利用。

**1. 归整相同规格和材质的钢筋**

下料长度计算完毕后，把相同规格和材质的钢筋进行归整和组合，同时根据现有钢筋的长度和能够及时采购到的钢筋的长度进行合理组合加工。

**2. 合理利用钢筋的接头位置**

对有接头的配料，在满足构件中接头的对焊或搭接长度、接头错开的前提下，必须根据钢筋原材料的长度来考虑接头的布置。要充分考虑原材料被截下的一段长度的合理使用，如果能够使一根钢筋正好分成几段钢筋的下料长度，则是最佳方案，但往往难以做到。因此，在配料时，要尽量地使被截下的一段能够长一些，这样才不致使余料成为废料，从而使钢筋得到充分利用。

**3. 钢筋配料应注意的事项**

配料计算时，要考虑钢筋的形状和尺寸在满足设计要求的前提下，有利于加工安装；配料时，要考虑施工需要的附加钢筋，如板双层钢筋中保证上层钢筋位置的撑脚、墩墙双层钢筋中固定钢筋间距的撑铁、柱钢筋骨架增加四面斜撑等。

根据钢筋下料长度计算结果和配料选择后，汇总编制钢筋配料单。在钢筋配料单中必须反映出工程部位、构件名称、钢筋编号、钢筋简图及尺寸、钢筋直径、钢号、数量、下料长度、钢筋质量等。列入加工计划的配料单，将每一编号的钢筋制作一块料牌作为钢筋加工的依据，并在安装中作为区别各工程部位、构件和各种编号钢筋的标志。钢筋配料单和料牌应严格校核，必须准确无误，以免返工浪费。

**4. 钢筋代换**

钢筋的级别、钢号和直径应按设计要求采用，若施工中缺乏设计图中所要求的钢筋，在征得设计单位的同意并办理设计变更文件后，可按下述原则进行代换：

①当构件按强度控制时，可按强度相等的原则代换，称为"等强代换"。如设计中所用钢筋强度为 $f_{y1}$，钢筋总面积为 $A_{s1}$；代换后钢筋强度为 $f_{y2}$，钢筋总面积为 $A_{s2}$，应使代换前后钢筋的总强度相等，即

$$A_{s2}f_{y2} = f_{y1}A_{s1}$$

$$A_{s2} = (f_{y1}/f_{y2}) \times A_{s1}$$

②当构件按最小配筋率配筋时，可按钢筋面积相等的原则进行代换，称为"等面积代换"。

## 二、钢筋内场加工

### （一）钢筋除锈

钢筋由于保管不善或存放时间过久，就会受潮生锈。在生锈初期，钢筋表面呈黄褐色，称水锈或色锈，这种水锈除在焊点附近必须清除外，一般可不处理。但是当钢筋锈蚀进一步发展，钢筋表面已形成一层锈皮，受锤击或碰撞可见其剥落，这种铁锈不能很好地与混凝土黏结，影响钢筋和混凝土的握裹力，并且在混凝土中继续发展，需要清除。

钢筋除锈方式有三种：一是手工除锈，如用钢丝刷、砂堆、麻袋砂包、砂盘等擦锈；二是机械除锈；三是在钢筋的其他加工工序的同时除锈，如在冷拉、调直过程中除锈。

### （二）钢筋调直

钢筋在使用前必须经过调直，否则会影响钢筋受力，甚至会使混凝土提前产生裂缝，如未调直而直接下料，会影响钢筋的下料长度，并影响后续工序的质量。

钢筋调直一般采用机械调直，常用的调直机械有钢筋调直机、弯筋机、卷扬机等。钢筋调直机用于圆钢筋的调直和切断，并可清除其表面的氧化皮和污迹。

### （三）钢筋切断

钢筋切断有手工剪断、机械切断、氧气切割三种方法。

手工切断的工具有断线钳（用于切断 5 mm 以下的钢丝）、手动液压钢筋切断机（用于切断直径 16 mm 以下的钢筋和直径 25 mm 以下的钢绞线）。

机械切断一般采用钢筋切断机，它将钢筋原材料或已调直的钢筋切断，主要类型有机械式、液压式和手持式。机械式钢筋切断机有偏心轴立式、凸轮式和曲柄连杆式等。

直径大于 40 mm 的钢筋一般用氧气切割。

### （四）钢筋弯曲成形

钢筋弯曲成形有手工和机械弯曲成形两种方法。钢筋弯曲机有机械钢筋弯曲机、液压钢筋弯曲机和钢筋弯箍机等。

目前，数控钢筋弯曲机成形应用较多。数控钢筋弯曲机是由工业计算机精确控制弯曲以替代人工弯曲的机械，最大能加工 Φ32 mm 螺纹钢。它采用专用控制系统，结合触摸屏控制界面，操作方便，电控程序内可储存上百种图形数据库。弯曲主轴由伺服控制，弯曲精度高，一次性可弯曲多根钢筋，是传统加工设备生产能力的 10 倍以上。

## 三、钢筋接头的连接

钢筋接头的连接有焊接和机械连接两类。常用的钢筋焊接机械有电阻焊接机、电弧焊接机、气压焊接机及电渣压力焊机等。钢筋机械连接方法主要有钢筋套筒挤压连接、锥螺纹套筒。

### （一）钢筋焊接

钢筋焊接方式有电阻点焊、闪光对焊、电弧焊、电渣压力焊、埋弧压力焊、气压焊等，其中，对焊用于接长钢筋，点焊用于焊接钢筋网，埋弧压力焊用于钢筋与钢板的焊接，电渣压力焊用于现场焊接竖向钢筋。

#### 1. 电阻点焊

电阻点焊是利用电流通过焊件时产生的电阻热作为热源，并施加一定的压力，使交叉连接的钢筋接触处形成一个牢固的焊点，将钢筋焊合起来。点焊时，将表面清理好的钢筋叠合在一起，放在两个电极之间预压夹紧，使两根钢筋交接点紧密接触。当踏下脚踏板时，带动压紧机构使上电极压紧钢筋，同时断路器也接通电路，电流经变压器次级线圈引到电极，接触点处在极短的时间内产生大量的电阻热，使钢筋加热到熔化状态，在压力作用下两根钢筋交叉焊接在一起。当放松脚踏板时，电极松开，断路器随着杠杆下降，断开电路，点焊结束。

#### 2. 闪光对焊

闪光对焊是利用电流通过对接的钢筋时产生的电阻热作为热源使金属熔化，产生强烈飞溅，并施加一定压力而使之焊合在一起的焊接方式。对焊不仅能提高工效、节约钢材，还能充分保证焊接质量。

闪光对焊机由机架、导向机构、移动夹具和固定夹具、送料机构、夹紧机构、电气设备、冷却系统及控制开关等组成。闪光对焊机适用于水平钢筋非施工现场连接，还适用于直径 10~40 mm 的各种热轧钢筋的焊接。

#### 3. 电弧焊

钢筋电弧焊是以焊条作为一极，钢筋为另一极，利用焊接电流通过产生的电弧热进行焊接的一种熔焊方法。电弧焊又分手弧焊、埋弧压力焊等。

（1）手弧焊。手弧焊是手工操纵焊条进行焊接的一种电弧焊。手弧焊用的焊机有交流弧焊机（焊接变压器）、直流弧焊机（焊接发电机）等。电弧焊是利用电焊机（交流变压器或直流发电机）的电弧产生的高温（可达6000℃），将焊条末端和钢筋表面熔化，使熔化了的金属焊条流入焊缝，冷凝后形成焊缝接头。焊条的种类很多，根据钢材等级和焊接接头形式选择焊条，如结420、结500等。焊接电流和焊条直径应根据钢筋级别、直径、接头形式和焊接位置进行选择。钢筋电弧焊的接头形式有搭接接头、帮条接头、坡口接头等。

（2）埋弧压力焊。埋弧压力焊是将钢筋与钢板安放成T形，利用焊接电流通过时在焊剂层下产生电弧，形成熔池，加压完成的一种压焊方法。埋弧压力焊具有生产效率高、质量好等优点，适用于各种预埋件、T形接头、钢筋与钢板的焊接。预埋件钢筋压力焊适用于热轧直径6~25 mmHPB300光圆钢筋、HRB400带肋钢筋的焊接，钢板为普通碳素钢，厚度为6~20 mm。埋弧压力焊机主要由焊接电源、焊接机构和控制系统（控制箱）三部分组成。工作线圈（副线圈）分别接入活动电极（钢筋夹头）及固定电极（电磁吸铁盘）。焊机结构采用摇臂式，摇臂固定在立柱上，可做左右回转活动；摇臂本身可做前后移动，以便焊接时能取得所需要的工作位置。摇臂末端装有可上下移动的工作头，其下端是用导电材料制成的偏心夹头，夹头接工作线圈，成活动电极。工作平台上装有平面型电磁吸铁盘，拟焊钢板放置其上，接通电源，能被吸住而固定不动。

在埋弧压力焊时，钢筋与钢板之间引燃电弧之后，由于电弧作用使局部用材及部分焊剂熔化和蒸发，蒸发气体形成一个空腔，空腔被熔化的焊剂形成的熔渣包围，焊接电弧就在这个空腔内燃烧，在焊接电弧热的作用下，熔化的钢筋端部和钢板金属形成焊接熔池。待钢筋整个截面均匀加热到一定温度，将钢筋向下顶压，随即切断焊接电源，冷却凝固后形成焊接接头。

**4. 气压焊**

气压焊是利用氧气和乙炔气，按一定比例混合燃烧的火焰，将被焊钢筋两端加热，使其达到热塑状态，经施加适当压力，使其接合的固相焊接法。钢筋气压焊适用于14~40 mm各种热轧钢筋，也能进行不同直径钢筋间的焊接，还可用于钢轨焊接。被焊材料有碳素钢、低合金钢、不锈钢和耐热合金等。钢筋气压焊设备轻便，可进行水平、垂直、倾斜等全方位焊接，具有节省钢材、施工费用低等优点。

钢筋气压焊接机由供气装置（氧气瓶、溶解乙炔瓶等）、多嘴环管加热器、加压器（油泵、顶压油缸等）、焊接夹具及压接器等组成。

电渣压力焊机分为自动电渣压力焊机和手工电渣压力焊机两种。主要由焊接电源

（BX2-1000 型焊接变压器）、焊接夹具、操作控制系统、辅件（焊剂盒、回收工具）等组成。

## （二）钢筋机械连接

钢筋机械连接有挤压连接和螺纹套管连接两种形式。螺纹套管连接又分为锥螺纹套管连接和直螺纹套管连接，现在工程中一般采用直螺纹套管连接。

直螺纹套管连接是通过滚轮将钢筋端头部分压圆并一次性滚出螺纹，利用螺纹的机械咬合力传递拉力或压力。直螺纹套管连接适用于连接 HRB400 级、HRBF400 级钢筋，优点是工序简单、速度快、不受气候因素影响。

### 1. 连接套筒

连接套筒有标准型、扩口型、变径型、正反丝型。标准型是右旋内螺纹的连接套筒接套。扩口型是在标准型连接套的一端增加 45°～60°扩口段，用于钢筋较难对中的场合。变径型是右旋内螺纹的变直径连接套，用于连接不同直径的钢筋。正反丝型是左、右旋内螺纹的等直径连接套，用于钢筋不能转动而要求对接的场合。

### 2. 施工机具

直螺纹套管连接施工中所用的主要机具包括钢筋套丝机、镦粗机、扳手。

钢筋直螺纹滚丝机由机架、夹紧机构、进给拖板、减速机及滚丝头、冷却系统、电器系统组成。使用时，把钢筋端头部位一次快速直接滚制，使纹丝机头部位产生冷性硬化，从而使强度得到提高，使钢筋丝头达到与母材相同。

### 3. 螺纹加工

（1）按钢筋规格调整钢筋螺纹加工长度并调整好滚丝头内孔最小尺寸。

（2）按钢筋规格更换涨刀环，并按规定的丝头加工尺寸调整好剥肋直径尺寸。

（3）调整剥肋挡块及滚压行程开关位置，保证剥肋及滚压螺纹的长度符合丝头加工尺寸的规定。

（4）钢筋丝头长度的确定。确定原则：以钢筋连接套筒长度的一半为钢筋丝扣长度。

### 4. 直螺纹钢筋连接

（1）连接钢筋时，钢筋规格和套筒的规格必须一致，钢筋螺纹的形式、螺距、螺纹外径和套筒匹配，并确保钢筋和套筒的丝扣应干净、完好无损。

（2）滚压直螺纹接头的连接应用管钳或扳手进行施工。

（3）连接钢筋时，应对准轴线将钢筋拧入套筒。

（4）接头拼接完成后，应使两个丝头在套筒中央位置互相顶紧，套筒每端不得有一扣以上的完整丝扣外露，加长型丝扣的外露丝扣数不受限制，但应有明显标记，以检查进入套筒的丝头长度是否满足要求。

## 四、钢筋的现场安装

### （一）隐蔽工程验收

浇筑混凝土之前，应进行钢筋隐蔽工程验收。隐蔽工程验收应包括下列主要内容：

1. 纵向受力钢筋的牌号、规格、数量、位置。

2. 钢筋的连接方式、接头位置、接头质量、接头面积百分率、搭接长度、锚固方式及锚固长度。

3. 箍筋、横向钢筋的牌号、规格、数量、间距、位置，箍筋弯钩的弯折角度及平直段长度。

4. 预埋件的规格、数量和位置。

### （二）现场安装要求

钢筋采用机械连接或焊接连接时，钢筋机械连接接头、焊接接头的力学性能、弯曲性能应符合国家现行有关标准的规定。钢筋采用机械连接时，螺纹接头应检验拧紧扭矩值，挤压接头应量测压痕直径，检验结果应符合规定。

钢筋接头的位置应符合设计和施工方案要求。有抗震设防要求的结构中，梁端、柱端箍筋加密区范围内不应进行钢筋搭接。接头末端至钢筋弯起点的距离不应小于钢筋直径的10倍。

1. 当纵向受力钢筋采用机械连接接头或焊接接头时，同一连接区段内纵向受力钢筋的接头面积百分率应符合设计要求；当设计无具体要求时，应符合下列规定：

（1）受拉接头，不宜大于50%；受压接头，可不受限制。

（2）直接承受动力荷载的结构构件中，不宜采用焊接；当采用机械连接时，不应超过50%。

2. 当纵向受力钢筋采用绑扎搭接接头时，接头的设置应符合下列规定：

（1）接头的横向净间距不应小于钢筋直径，且不应小于25 mm。

（2）同一连接区段内，纵向受拉钢筋的接头面积百分率应符合设计要求；当设计无具体要求时，应符合下列规定：

①梁类、板类及墙类构件不宜超过25%，基础筏板不宜超过50%。

②柱类构件不宜超过50%。

③当工程中确有必要增大接头面积百分率时，对梁类构件不应大于50%。

3. 梁、柱类构件的纵向受力钢筋搭接长度范围内箍筋的设置应符合设计要求；当设计无具体要求时，应符合下列规定：

①箍筋直径不应小于搭接钢筋较大直径的1/4。

②受拉搭接区段的箍筋间距不应大于搭接钢筋较小直径的5倍，且不应大于100mm。

③受压搭接区段的箍筋间距不应大于搭接钢筋较小直径的10倍，且不应大于200mm。

④当柱中纵向受力钢筋直径大于25 mm时，应在搭接接头两个端面外100 mm范围内各设置两道箍筋，其间距宜为50 mm。

### （三）钢筋安装

钢筋加工后运至现场进行安装。钢筋绑扎、安装前，应先熟悉图样，核对钢筋配料单和钢筋加工牌，研究与有关工种的配合，确定施工方法。

钢筋的接长、钢筋骨架或钢筋网的成形应优先采用焊接或机械连接，如果不能采用焊接或骨架过大过重不便于运输安装时，可采用绑扎的方法。钢筋绑扎一般采用20~22号铁丝，铁丝过硬时可经退火处理。绑扎时应注意钢筋位置是否准确、绑扎是否牢固、搭接长度及绑扎点位置是否符合规范要求。钢筋绑扎的细部构造应符合下列规定：

1. 钢筋的绑扎搭接接头应在接头中心和两端用铁丝扎牢。

2. 墙、柱、梁钢筋骨架中各垂直面钢筋网交叉点应全部扎牢；板上部钢筋网的交叉点应全部扎牢，底部钢筋网除边缘部分外可间隔交错扎牢。

3. 梁、柱的箍筋弯钩及焊接封闭箍筋的对焊点应沿纵向受力钢筋方向错开设置。构件同一表面，焊接封闭箍筋的对焊接头面积百分率不宜超过50%。

4. 填充墙构造柱纵向钢筋宜与框架梁钢筋共同绑扎。

5. 梁及柱中箍筋、墙中水平分布钢筋及暗柱箍筋、板中钢筋距构件边缘的距离宜为50 mm。

钢筋安装应与模板安装相配合。柱钢筋现场绑扎时，一般在模板安装前进行；柱钢筋采用预制安装时，可先安装钢筋骨架，然后安装柱模板，或先安装三面模板，待钢筋骨架安装后再钉第四面模板。梁的钢筋一般在梁模板安装后，再安装或绑扎；断面高度较大（大于600 mm）或跨度较大、钢筋较密的大梁，可留一面侧模，待钢筋安装或绑扎完后再钉。楼板钢筋绑扎应在楼板模板安装后进行，并应按设计先画线，然后摆料、绑扎。

钢筋保护层应按设计或规范的要求正确确定。工地常用预制水泥垫块垫在钢筋与模板之间，以控制保护层厚度。垫块应布置成梅花形，其相互间距不大于1m。上下双层钢筋之间的尺寸，可绑扎短钢筋或设置撑脚来控制。

# 第二节　模板工程施工

## 一、模板构造

模板与其支撑体系组成模板系统。模板系统是一个临时架设的结构体系，其中模板是新浇混凝土成形的模具，它与混凝土直接接触，使混凝土构件具有要求的形状、尺寸和表面质量；支撑体系是指支撑模板，承受模板、构件及施工中各种荷载的作用，并使模板保持要求的空间位置的临时结构。

模板应保证混凝土浇筑后的各部分形状和尺寸以及相互位置的准确性；具有足够的稳定性、刚度及强度；装拆方便，能够多次周转使用，形式要尽量做到标准化、系列化；接缝应不易漏浆，表面应光洁平整。

### （一）模板的分类

1. 按模板形状分为平面模板和曲面模板。平面模板又称为侧面模板，主要用于结构物垂直面；曲面模板用于某些形状特殊的部位。

2. 按模板材料分为木模板、竹模板、钢模板、混凝土预制模板、塑料模板、橡胶模板等。

3. 按模板受力条件分为承重模板和侧面模板。承重模板主要承受混凝土重量和施工中的垂直荷载；侧面模板主要承受新浇混凝土的侧压力，侧面模板按其支承受力方式又分为简支模板、悬臂模板和半悬臂模板。

4. 按模板使用特点分为固定式、拆移式、移动式和滑动式。固定式用于形状特殊的部位，不能重复使用。后三种模板都能重复使用，或连续使用在形状一致的部位。但其使用方式有所不同：拆移式模板需要拆散移动；移动式模板的车架装有行走轮，可沿专用轨道使模板整体移动；滑动式模板是以千斤顶或卷扬机为动力，可在混凝土连续浇筑的过程中，使模板面紧贴混凝土面滑动。

### （二）定型组合钢模板

定型组合钢模板系列包括钢模板、连接件、支承件三个部分。其中，钢模板包括平面钢模板和拐角模板；连接件有 U 形卡、L 形插销、钩头螺栓、紧固螺栓、蝶形扣件等；支承件有圆钢管、薄壁矩形钢管、内卷边槽钢、单管伸缩支撑等。

**1. 钢模板的规格和型号**

钢模板包括平面模板、阳角模板、阴角模板和连接角模。单块钢模板由面板、边框和加劲肋焊接而成。面板厚 2.3 mm 或 2.5 mm，边框和加劲肋上面按一定距离（如 150 mm）钻孔，可利用 U 形卡和 L 形插销等拼装成大块模板。

钢模板的宽度以 50 mm 进级，长度以 150 mm 进级，其规格和型号已做到标准化、系列化。如拼装时出现不足模数的空隙时，可镶嵌木条补缺，用钉子或螺栓将木条与板块边框上的孔洞连接。

**2. 连接件**

（1）U 形卡：用于钢模板之间的连接与锁定，使钢模板拼装密合。U 形卡安装间距一般不大于 300 mm，即每隔一孔卡插一个，安装方向一顺一倒相互交错。

（2）L 形插销：插入模板两端边框的插销孔内，用于增强钢模板纵向拼接的刚度和保证接头处板面平整。

（3）钩头螺栓：用于钢模板与内、外钢楞之间的连接固定，使之成为整体。安装间距一般不大于 600 mm，长度应与采用的钢楞尺寸相适应。

（4）对拉螺栓：用来保持模板与模板之间的设计厚度并承受混凝土侧压力及水平荷载，使模板不致变形。

（5）紧固螺栓：用于紧固钢模板内外钢楞，增强组合模板的整体刚度，长度与采用的钢楞尺寸相适应。

（6）扣件：用于将钢模板与钢楞紧固，与其他配件一起将钢模板拼装成整体。按钢楞的不同形状尺寸，分别采用蝶形扣件和"3"形扣件，其规格分为大小两种。

**3. 支承件**

配件的支承件包括钢楞、柱箍、梁卡具、圈梁卡具、钢桁架、斜撑、组合支柱、钢管脚手支架、平面可调桁架和曲面可变桁架等。

**（三）木模板**

木模板的木材主要采用松木和杉木，其含水率不宜过高，以免干裂，材质不宜低于三等材。

木模板的基本元件是拼板，它由板条和拼条（木档）组成。板条厚 25~50 mm，宽度不宜超过 200 mm，以保证在干缩时缝隙均匀，浇水后缝隙要严密且板条不翘曲，但梁底板的板条宽度不受限制，以免漏浆。拼条截面尺寸为 25 mm×35 mm~50mm×50 mm，拼条间距根据施工荷载大小及板条的厚度而定，一般取 400~500 mm。

### （四）钢框胶合板模板

钢框胶合板模板是指钢框与木胶合板或竹胶合板结合使用的一种模板。钢框胶合板模板由钢框和防水木、竹胶合板平铺在钢框上，用沉头螺栓与钢框连牢。用于面板的竹胶合板是用竹片或竹帘涂胶黏剂，纵横向铺放，组坯后热压成形。为使钢框竹胶合板板面光滑平整，便于脱模和增加周转次数，一般板面采用涂料覆面处理或浸胶纸覆面处理。

### （五）滑动模板

滑动模板简称滑模，是在混凝土连续浇筑过程中，可使模板面紧贴混凝土面滑动的模板。采用滑模施工要比常规施工节约木材（包括模板和脚手板等）70%左右，节约劳动力30%~50%，缩短施工周期30%~50%。滑模施工的结构整体性好、抗震效果明显，适用于高层或超高层抗震建筑物和高耸构筑物施工。滑模施工的设备便于加工、安装、运输。

**1. 滑模系统的组成**

（1）模板系统：包括提升架、围圈、模板及加固、连接配件。

（2）施工平台系统：包括工作平台、外圈走道、内外吊脚手架。

（3）提升系统：包括千斤顶、油管、分油器、针形阀、控制台、支承杆及测量控制装置。

**2. 主要部件的构造及作用**

（1）提升架：是整个滑模系统的主要受力部分。各项荷载集中传至提升架，最后通过装设在提升架上的千斤顶传至支承杆上。提升架由横梁、立柱、牛腿及外挑架组成。各部分尺寸及杆件断面应通盘考虑并经计算确定。

（2）围圈：是模板系统的横向连接部分，将模板按工程平面形状组合为整体。围圈也是受力部件，它既承受混凝土侧压力产生的水平推力，又承受模板的重量，以及滑动时产生的摩阻力等竖向力。在有些滑模系统设计中，也将施工平台支承在围圈上。围圈架设在提升架的牛腿上，各种荷载将最终传至提升架上。围圈一般用型钢制作。

（3）模板：是混凝土成形的模具，要求板面平整、尺寸准确、刚度适中。模板高度一般为90~120 cm、宽度为50 cm，但根据需要也可加工成小于50 cm的异形模板。模板通常用钢材制作，也有用其他材料制作的，如钢木组合模板，是用硬质塑料板或玻璃钢等材料作面板的有机材料复合模板。

（4）施工平台：施工平台是滑模施工中各工种的作业面及材料、工具的存放场所。施工平台应视建筑物的平面形状、开门大小、操作要求及荷载情况设计。施工平台必须有可靠的强度及必要的刚度，确保施工安全，防止平台变形导致模板倾斜。如果跨度较大时，在平台下应设置承托桁架。

（5）吊脚手架：用于对已滑出的混凝土结构进行处理或修补，要求沿结构内外两侧周围布置。吊脚手架的高度一般为 1.8 m，可以设双层或三层。吊脚手架要有可靠的安全设备及防护设施。

（6）提升设备：由液压千斤顶、液压控制台、油路及支承杆组成。支承杆可用直径 25 mm 的光圆钢筋做支承杆，每根支承杆长度以 3.5~5 m 为宜。支承杆的接头可用螺栓连接（支承杆两头加工成阴阳螺纹）或现场用小坡口焊接连接。若回收重复使用，则需要在提升架横梁下附设支承杆套管。如有条件并经设计部门同意，则该支承杆钢筋可以直接浇灌在混凝土中以代替部分结构配筋，可利用 50%~60%。

### （六）爬升模板

爬升模板是在混凝土墙体浇筑完毕后，利用提升装置将模板自行提升到上一个楼层，浇筑上一层墙体的垂直移动式模板。爬升模板采用整片式大平模，模板由面板及肋组成，而不需要支撑系统；提升设备采用电动螺杆提升机、液压千斤顶或导链。爬升模板是将大模板工艺和滑升模板工艺相结合，既保持了大模板施工墙面平整的优点，又保持了滑模利用自身设备使模板向上提升的优点，墙体模板能自行爬升而不依赖塔吊。爬升模板适用于高层建筑墙体、电梯井壁、管道间混凝土施工。

爬升模板由钢模板、提升架和提升装置三部分组成。

### （七）台模

台模是浇筑钢筋混凝土楼板的一种大型工具式模板。在施工中可以整体脱模和转运，利用起重机从浇筑完的楼板下吊出，转移至上一楼层，中途不再落地，因此亦称"飞模"。台模按其支架结构类型分为立柱式台模、桁架式台模、悬架式台模等。

台模适用于各种结构的现浇混凝土，适用于小开间、小进深的现浇楼板施工。单座台模面板的面积从 2~6 m² 到 60 m² 以上。台模整体性好，混凝土表面容易平整，施工进度快。

台模由台面、支架（支柱）、支腿、调节装置、行走轮等组成。台面是直接接触混凝土的部件，表面应平整光滑，具有较高的强度和刚度。目前常用的面板有钢板、胶合板、铝合金板、工程塑料板及木板等。

## 二、模板设计

常用定型模板在其适用范围内一般无须进行设计或验算。而对一些特殊结构、新型体系模板或超出适用范围的一般模板，则应进行设计或验算。由于模板为一临时性系统，因此，对钢模板及其支架的设计，其设计荷载值可乘以系数 0.85 予以折减；对木模板及其支架系统设计，其设计荷载值可乘以系数 0.9 予以折减；对冷弯薄壁型钢不予折减。

作用在模板系统上的荷载分为永久荷载和可变荷载。永久荷载包括模板与支架的自重、新浇混凝土自重及对模板侧面的压力、钢筋自重等。可变荷载包括施工人员及施工设备荷载、振捣混凝土时产生的荷载、倾倒混凝土时产生的荷载。

# 三、模板制作安装与拆除

## （一）模板制作安装

模板应按图加工、制作。通用性强的模板宜制作成定型模板。

模板面板背侧的木方高度应一致。制作胶合板模板时，其板面拼缝处应密封。地下室外墙和人防工程墙体的模板对拉螺栓中部应设止水片，止水片应与对拉螺栓环焊。

与通用钢管支架匹配的专用支架，应按图加工、制作。搁置于支架顶端可调托座上的主梁，可采用木方、木工字梁或截面对称的型钢制作。

支架立柱和竖向模板安装在基土上时，应符合下列规定：

1. 应设置具有足够强度和支承面积的垫板，且应中心承载。

2. 基土应坚实，并应有排水措施；对湿陷性黄土，应有防水措施；对冻胀性土，应有防冻融措施。

3. 对软土地基，当需要时可采用堆载预压的方法调整模板面的安装高度。

竖向模板安装时，应在安装基层面上测量放线，并应采取保证模板位置准确的定位措施。对竖向模板及支架，安装时应有临时稳定措施。安装位于高空的模板时，应有可靠的防倾覆措施。应根据混凝土一次浇筑高度和浇筑速度，采取合理的竖向模板抗侧移、抗浮和抗倾覆措施。

对跨度不小于 4 m 的梁、板，其模板起拱高度宜为梁、板跨度的 1/1000~3/1000。

支架的垂直斜撑和水平斜撑应与支架同步搭设，架体应与成形的混凝土结构拉结。钢管支架的垂直斜撑和水平斜撑的搭设应符合国家现行有关钢管脚手架标准的规定。

对现浇多层、高层混凝土结构，上、下楼层模板支架的立杆应对准，模板及支架钢管等应分散堆放。

模板安装应保证混凝土结构构件各部分形状、尺寸和相对位置准确，并应防止漏浆。

模板安装应与钢筋安装配合进行，梁柱节点的模板宜在钢筋安装后安装。

模板与混凝土接触面应清理干净并涂刷脱模剂，脱模剂不得污染钢筋和混凝土接槎处。

模板安装完成后，应将模板内杂物清除干净。

后浇带的模板及支架应独立设置。

固定在模板上的预埋件、预留孔和预留洞均不得遗漏，且应安装牢固、位置准确。

## （二）模板拆除

模板拆除时，可采取先支的后拆、后支的先拆，先拆非承重模板、后拆承重模板的顺序，并应从上而下进行拆除。

当混凝土强度达到设计要求时，方可拆除底模及支架；当设计无具体要求，同条件养护试件的混凝土抗压强度应符合表3-1的规定。

表3-1 底模拆除时的混凝土强度要求

| 构件类型 | 构件跨度/m | 按达到设计混凝土强度等级值的百分率计/% |
|---|---|---|
| 板 | ≤2 | ≥50 |
| | >2, ≤8 | ≥75 |
| | >8 | ≥100 |
| 梁、拱、壳 | ≤8 | ≥75 |
| | >8 | ≥100 |
| 悬臂结构 | | ≥100 |

当混凝土强度能保证其表面及棱角不受损伤时，方可拆除侧模。

多个楼层间连续支模的底层支架拆除时间，应根据连续支模的楼层间荷载分配和混凝土强度的增长情况确定。

快拆支架体系的支架立杆间距不应大于2 m。拆模时应保留立杆并顶托支承楼板，拆模时的混凝土强度可取构件跨度为2 m并按表3-1的规定确定。

对于后张预应力混凝土结构构件，侧模宜在预应力张拉前拆除；底模支架不应在结构构件建立预应力前拆除。

拆下的模板及支架杆件不得抛扔，应分散堆放在指定地点，并应及时清运。

模板拆除后应将其表面清理干净，应对变形和损伤部位进行修复。

# 第三节 混凝土工程施工

## 一、混凝土工程施工准备

混凝土施工准备工作包括：施工缝处理、设置卸料入仓的辅助设备、模板安装、钢筋架设、预埋件埋设、施工人员的组织、浇筑设备及其辅助设施的布置、浇筑前的检查验收等。

## （一）施工缝处理

如果基于技术或施工组织上的原因，不能对混凝土结构一次连续浇筑完毕，而必须停歇较长的时间，其停歇时间已超过混凝土的初凝时间，致使混凝土已初凝，当继续浇筑混凝土时，形成了接缝，即为施工缝。

### 1. 施工缝的留设位置

施工缝的设置原则是一般宜留在结构受力（剪力）较小且便于施工的部位。柱子的施工缝宜留在基础与柱子交接处的水平面上，或梁的下面，或吊车梁牛腿的下面、吊车梁的上面、无梁楼盖柱帽的下面。高度大于 1m 的钢筋混凝土梁的水平施工缝，应留在楼板底面下 20~30 mm 处，当板下有梁托时，留在梁托下部。单向平板的施工缝，可留在平行于短边的任何位置处。对于有主次梁的楼板结构，宜顺着次梁方向浇筑，施工缝应留在次梁跨度的中间 1/3 范围内。

### 2. 施工缝的处理

施工缝处继续浇筑混凝土时，应待混凝土的抗压强度不小于 1.2MPa 方可进行；施工缝浇筑混凝土之前，应除去施工缝表面的水泥薄膜、松动石子和软弱的混凝土层，处理方法有风砂枪喷毛、高压水冲毛、风镐凿毛或人工凿毛，并加以充分湿润和冲洗干净，不得有积水；浇筑时，施工缝处宜先铺水泥浆（水泥：水 = 1：0.4），或与混凝土成分相同的水泥砂浆一层，厚度为 30~50 mm，以保证接缝的质量；浇筑过程中，施工缝应细致捣实，使其紧密接合。

## （二）仓面准备

1. 机具设备、劳动组合、照明、水电供应、所需混凝土原材料的准备等。

2. 应检查仓面施工的脚手架、工作平台、安全网等是否牢固，检查电源开关、动力线路是否符合安全规定。

3. 仓位的浇筑高程、上升速度、特殊部位的浇筑方法和质量要求等技术问题，须事先进行技术交底。

4. 地基或施工缝处理完毕并养护一定时间，已浇好的混凝土强度达到 2.5MPa 后方可在仓面进行放线，安装模板、钢筋和预埋件，架设脚手架等作业。

## （三）模板、钢筋及预埋件检查

开仓浇筑前，必须按照设计图纸和施工规范的要求，对仓面安设的模板、钢筋及预埋件进行全面检查验收，签发合格证。

# 二、混凝土的拌制

混凝土拌制是按照混凝土配合比设计要求，将其各组成材料（砂、石、水泥、水、外加剂及掺合料等）拌和成均匀的混凝土料，以满足浇筑需要。混凝土制备的过程包括储料、供料、配料和拌和。其中，配料和拌和是主要生产环节，也是质量控制的关键，要求品种无误、配料准确、拌和充分。

## （一）混凝土配料

### 1. 配料

配料是按设计要求，称量每次拌和混凝土的材料用量。配料的精度直接影响混凝土的质量。混凝土配料要求采用质量配料法，即将砂、石、水泥、矿物掺合料按质量计量，水和外加剂溶液按质量折算成体积计量，称量的允许偏差见表3-2。设计配合比中的加水量根据水灰比计算确定，并以饱和面干状态的砂子为标准。由于水灰比对混凝土强度和耐久性影响极为重大，绝不能任意变更；施工采用的砂子，其含水量又往往较高，在配料时采用的加水量应扣除砂子表面含水量及外加剂中的水量。

表3-2　混凝土原材料计量的允许偏差

| 材料名称 | 每盘计量允许偏差 | 累计计量允许偏差 |
| --- | --- | --- |
| 水泥、矿物掺合料 | ±2% | ±1% |
| 粗、细骨料 | ±3% | ±2% |
| 水、外加剂 | ±2% | ±1% |

### 2. 给料

给料是将混凝土各组分从料仓按要求送进称料斗。给料设备的工作机构常与称量设备相连，当需要给料时，控制电路开通，进行给料。当计量达到要求时，即断电停止给料。常用的给料设备有皮带给料机、给料闸门、电磁振动给料机、叶轮给料机、螺旋给料机等。

### 3. 称量

混凝土配料称量的设备有简易秤（地磅）、电动磅秤、自动配料杠杆秤、电子秤、配水箱及定量水表。

## （二）混凝土拌和

混凝土拌和的方法有人工拌和与机械拌和两种。用拌和机拌和混凝土较广泛，能提高拌和质量和生产率。

### 1. 拌和机械

拌和机械有自落式和强制式两种，见表3-3。

表3-3　混凝土搅拌机类型

| 自落式 | | | 强制式 | | | |
|---|---|---|---|---|---|---|
| 鼓筒式 | 双锥式 | | 立轴式 | | | 卧轴式 |
| | 反转出料 | 倾翻出料 | 涡浆式 | 行星式 | | （单轴双轴） |
| | | | | 定盘式 | 盘转式 | |

自落式搅拌机是通过筒身旋转，带动搅拌叶片将物料提高，在重力作用下物料自由坠下，反复进行，互相穿插、翻拌、混合，使混凝土各组分搅拌均匀。例如，锥形反转出料搅拌机主要由上料装置、搅拌筒、传动机构、配水系统和电气控制系统等组成。

强制式混凝土搅拌机一般筒身固定，搅拌机片旋转，对物料施加剪切、挤压、翻滚、滑动、混合，使混凝土各组分搅拌均匀。

搅拌机使用前应按照"十字作业法"（清洁、润滑、调整、紧固、防腐）的要求检查离合器、制动器、钢丝绳等各个系统和部位，是否机件齐全、机构灵活、运转正常，并按规定位置加注润滑油脂；进行空转检查，检查搅拌机旋转方向是否与机身箭头一致，空车运转是否达到要求值。在确认以上情况正常后，搅拌筒内加清水搅拌3 min后将水放出，方可投料搅拌。

### 2. 混凝土拌和基础

（1）开盘操作。在完成上述检查工作后，即可开盘搅拌，为不改变混凝土设计配合比，补偿黏附在筒壁、叶片上的砂浆，第一盘应减少石子约30%，或多加水泥、砂各15%。

（2）正常运转。确定原材料投入搅拌筒内的先后顺序，应综合考虑能否保证混凝土的搅拌质量，提高混凝土的强度，减少机械的磨损与混凝土的黏罐现象，减少水泥飞扬，降低电耗以及提高生产率等多种因素。按原材料加入搅拌筒内的投料顺序的不同，普通混凝土的搅拌方法可分为一次投料法、二次投料法和水泥裹砂法等。

一次投料法是目前最普遍采用的方法。它是将砂、石、水泥和水一起同时加入搅拌筒中进行搅拌。为了减少水泥的飞扬和水泥的黏罐现象，向搅拌机上料斗中投料时，投料顺序宜先倒砂（或石）再倒水泥，然后倒入石子（或砂），将水泥加在砂、石之间，最后由上料斗将干物料送入搅拌筒内，加水搅拌。

二次投料法又分为预拌水泥砂浆法和预拌水泥净浆法。预拌水泥砂浆法是先将水泥、砂和水加入搅拌筒内进行充分搅拌，成为均匀的水泥砂浆后，再加入石子搅拌成均匀的混凝土。国内一般是用强制式搅拌机拌制水泥砂浆 1~1.5 min，然后再加入石子搅拌 1~1.5 min。国外对这种工艺还设计了一种双层搅拌机（称为复式搅拌机），其上层搅拌机搅拌水泥砂浆，搅拌均匀后，再送入下层搅拌机与石子一起搅拌成混凝土。预拌水泥净浆法是先将水泥和水充分搅拌成均匀的水泥净浆后，再加入砂和石搅拌成混凝土。国外曾设计一种搅拌水泥净浆的高速搅拌机，其不仅能将水泥净浆搅拌均匀，而且对水泥还有活化作用。国内外的试验表明，二次投料法搅拌的混凝土与一次投料法相比较，强度可提高 15%，在强度相同的情况下可节约水泥 15%~20%。

水泥裹砂法又称为 SEC 法，采用这种方法拌制的混凝土称为 SEC 混凝土或造壳混凝土。该法的搅拌程序是先加一定量的水使砂表面的含水量调到某一规定的数值后（一般为 15%~25%），再加入石子并与湿砂拌匀，然后将全部水泥投入与砂石共同拌和，使水泥在砂石表面形成一层低水灰比的水泥浆壳，最后将剩余的水和外加剂加入搅拌成混凝土。采用 SEC 法制备的混凝土与一次投料法相比，强度可提高 20%~30%，混凝土不易产生离析和泌水现象，工作性好。

从原材料全部投入搅拌筒中时起到开始卸料时止所经历的时间称为搅拌时间，为获得混合均匀、强度和工作性都能满足要求的混凝土所需的最低限度的搅拌时间称为最短搅拌时间，这个时间随搅拌机的类型与容量，骨料的品种、粒径及对混凝土的工作性要求等因素的不同而异。混凝土搅拌质量直接和搅拌时间有关，搅拌时间应满足表 3-4 的要求。

表 3-4 混凝土搅拌的最短时间 单位：s

| 混凝土坍落度/mm | 搅拌机机型 | 搅拌机出料量/L | | |
|---|---|---|---|---|
| | | <250 | 250~500 | >500 |
| ≤40 | 强制式 | 60 | 90 | 120 |
| >40 且<100 | 强制式 | 60 | 60 | 90 |
| ≥100 | 强制式 | 60 | | |

注：①混凝土搅拌的最短时间是指全部材料装入搅拌筒中起到开始卸料止的时间。

②当掺有外加剂与矿物掺合料时，搅拌时间应适当延长。

③采用自落式搅拌机时，搅拌时间宜延长 30 s。

④当采用其他形式的搅拌设备时，搅拌的最短时间也可按设备说明书的规定或经试验确定。

混凝土拌和物的搅拌质量应经常检查，混凝土拌和物颜色均匀一致，无明显的砂粒、砂团及水泥团，石子完全被砂浆所包裹，说明其搅拌质量较好。

每班作业后应对搅拌机进行全面清洗，并在搅拌筒内放入清水及石子运转 10～15 min 后放出，再用竹扫帚洗刷外壁。搅拌筒内不得有积水，以免筒壁及叶片生锈，如遇冰冻季节应放尽水箱及水泵中的存水，以防冻裂。每天工作完毕后，搅拌机料斗应放至最低位置，不准悬于半空。电源必须切断，锁好电闸箱，保证各机构处于空位。

### （三）混凝土搅拌站

在混凝土施工工地，通常把骨料堆场、水泥仓库、配料装置、拌和机及运输设备等比较集中地布置，组成混凝土拌和站，或采用成套的混凝土工厂（拌和楼）来制备混凝土。

搅拌站根据其组成部分在竖向布置方式的不同，分为单阶式和双阶式。在单阶式混凝土搅拌站中，原材料一次提升后经过集料斗，然后靠自重下落进入称量和搅拌工序。这种工艺流程，原材料从一道工序到下一道工序的时间短、效率高、自动化程度高、搅拌站占地面积小，适用于产量大的固定式大型混凝土搅拌站。

在双阶式混凝土搅拌站中，原材料经第一次提升后经过集料斗，下落经称量配料后，再经过第二次提升进入搅拌机。

## 三、混凝土运输

混凝土运输是整个混凝土施工中的一个重要环节，对工程质量和施工进度影响较大。由于混凝土拌和后不能久存，而且在运输过程中对外界的影响敏感，运输方法不当或疏忽大意都会降低混凝土质量，甚至造成废品。

混凝土在运输过程中应满足以下要求：运输设备应不吸水、不漏浆，运输过程中不发生混凝土拌和物分离、严重泌水及过多降低坍落度；同时运输两种以上强度等级的混凝土时，应在运输设备上设置标志，以免混淆；尽量缩短运输时间，减少转运次数，运输时间不得超过表 3-5 的规定。因故停歇过久，混凝土产生初凝时，应做废料处理。在任何情况下，严禁中途加水；运输道路基本平坦，避免拌和物振动、离析、分层；混凝土运输工具及浇筑地点，必要时应有遮盖或保温设施，以避免因日晒、雨淋、受冻而影响混凝土的质量；混凝土拌和物自由下落高度以不大于 2 m 为宜，超过此界限时应采用缓降措施。

表 3-5　混凝土从搅拌机中卸出后到浇筑完毕的延续时间

| 混凝土强度等级 | 延续时间/min | |
|---|---|---|
| | 气温<25℃ | 气温≥25℃ |
| ≤C30 | 120 | 90 |

| 混凝土强度等级 | 延续时间/min | |
|---|---|---|
| | 气温<25℃ | 气温≥25℃ |
| >C30 | 90 | 60 |

注：①掺用外加剂或采用快硬水泥拌制混凝土时，应按试验确定。

②轻骨料混凝土的运输、浇筑时间应适当缩短。

混凝土运输分地面水平运输、垂直运输和楼面水平运输三种。地面运输时，短距离多用双轮手推车、机动翻斗车；长距离宜用自卸汽车、混凝土搅拌运输车。垂直运输可采用各种井架、龙门架和塔式起重机作为垂直运输工具。对于浇筑量大、浇筑速度比较稳定的大型设备基础和高层建筑，宜采用混凝土泵，也可采用自升式塔式起重机或爬升式塔式起重机来运输。

### （一）人工运输

人工运输混凝土常用手推车、架子车和斗车等。用手推车和架子车时，要求运输道路路面平整，随时清扫干净，防止混凝土在运输过程中受到强烈振动。道路纵坡一般要求平缓，局部不宜大于15%，一次爬高不宜超过2~3 m，运输距离不宜超过200 m。

### （二）机动翻斗车

机动翻斗车是混凝土工程中使用较多的水平运输机械。它轻便灵活、转弯半径小、速度快且能自动卸料。车前装有容量为476 L的翻斗，载重量约1 t，最高时速20 km/h，适用于短途运输混凝土或砂石料。

### （三）混凝土搅拌运输车

混凝土搅拌运输车是运送混凝土的专用设备。它的特点是在运量大、运距远的情况下，能保证混凝土的质量均匀。一般当混凝土制备点（商品混凝土站）与浇筑点距离较远时使用混凝土搅拌运输车，其运送方式有两种：一是在10 km范围内做短距离运送时，只做运输工具使用，即将拌和好的混凝土接送至浇筑点，在运输途中为防止混凝土分离，让搅拌筒只做低速搅动，使混凝土拌和物不致分离、凝结；二是在运距较长时，搅拌运输两者兼用，即先在混凝土拌和站将干料——砂、石、水泥按配比装入搅拌筒内，并将水注入配水箱，开始只做干料运送，然后在距使用点10~15 min路程时，启动搅拌筒回转，并向搅拌筒注入定量的水，这样在运输途中边运输边搅拌成混凝土拌和物，送至浇筑点卸出。

### （四）混凝土辅助运输设备

运输混凝土的辅助设备有吊罐、骨料斗、溜槽、溜管等。其用于混凝土装料、卸料和转运入仓，对保证混凝土质量和运输工作顺利进行起着相当大的作用。

### （五）混凝土泵

泵送混凝土是将混凝土拌和物从搅拌机出口通过管道连续不断地泵送到浇筑仓面的一种施工方法。工程上使用较多的是液压活塞式混凝土泵，它是通过液压缸的压力油推动活塞，再通过活塞杆推动混凝土缸中的工作活塞来压送混凝土。混凝土泵可同时完成水平运输和垂直运输工作。

泵送混凝土的设备主要由混凝土泵、输送管道和布料装置构成。混凝土泵有活塞泵、气压泵和挤压泵等几种类型，而以活塞泵应用较多。活塞泵又根据其构造原理不同分为机械式和液压式两种，常用液压式。混凝土泵分拖式（地泵）和泵车两种形式。

## 四、混凝土浇筑

混凝土成形就是将混凝土拌和料浇筑在符合设计尺寸要求的模板内，加以捣实，使其具有良好的密实性，达到设计强度的要求。混凝土成形过程包括浇筑与捣实，是混凝土工程施工的关键，将直接影响构件的质量和结构的整体性。因此，混凝土经浇筑捣实后应内实外光、尺寸准确、表面平整、钢筋及预埋件位置符合设计要求、新旧混凝土接合良好。

### （一）浇筑前的准备工作

1. 对模板及其支架进行检查，应确保标高、位置尺寸正确，强度、刚度、稳定性及严密性满足要求；模板中的垃圾、泥土和钢筋上的油污应加以清除；木模板应浇水润湿，但不允许留有积水。

2. 对钢筋及预埋件应请工程监理人员共同检查钢筋的级别、直径、排放位置及保护层厚度是否符合设计和规范要求，并认真做好隐蔽工程记录。

3. 准备和检查材料、机具等；注意天气预报，不宜在雨雪天气浇筑混凝土。

4. 做好施工组织和技术、安全交底工作。

### （二）浇筑工作的一般要求

1. 混凝土应在初凝前浇筑，如混凝土在浇筑前有离析现象，须重新拌和后才能浇筑。

2. 浇筑时，混凝土的自由倾落高度：对于素混凝土或少筋混凝土，由料斗进行浇筑时，不应超过 2 m；对于竖向结构（如柱、墙），浇筑混凝土的高度不超过 3 m；对于配筋较密或不便捣实的结构，不宜超过 60 cm，否则应采用串筒、溜槽和振动串筒下料，以防产生离析。

3. 浇筑竖向结构混凝土前，底部应先浇入 50~100 mm 厚与混凝土成分相同的水泥砂浆，以避免产生蜂窝麻面现象。

4. 混凝土浇筑时的坍落度应符合设计要求。

5. 为了使混凝土振捣密实，混凝土必须分层浇筑。

6. 为保证混凝土的整体性，浇筑工作应连续进行。当基于技术或施工组织上的原因必须间歇时，其间歇时间应尽可能缩短，并应在前层混凝土凝结之前，将次层混凝土浇筑完毕。间歇的最长时间应按所用水泥品种及混凝土条件确定。

7. 正确留置施工缝。施工缝位置应在混凝土浇筑之前确定，并宜留置在结构受剪力较小且便于施工的部位。柱应留水平缝，梁、板、墙应留垂直缝。

8. 在混凝土浇筑过程中，应随时注意模板及其支架、钢筋、预埋件及预留孔洞的情况，当出现不正常的变形、位移时，应及时采取措施进行处理，以保证混凝土的施工质量。

9. 在混凝土浇筑过程中应及时认真填写施工记录。

## （三）整体结构浇筑

为保证结构的整体性和混凝土浇筑工作的连续性，应在下一层混凝土初凝之前将上层混凝土浇筑完毕。因此，在编制浇筑施工方案时，首先应计算每小时需要浇筑的混凝土的数量 Q，即

$$Q = \frac{V}{t_1 - t_2} \tag{3-1}$$

式中：$V$——每个浇筑层中混凝土的体积，$m^3$；

$t_1$——混凝土初凝时间，h；

$t_2$——运输时间，h。

根据式（3-1）即可计算所需搅拌机、运输工具和振捣器的数量，并据此拟订混凝土浇筑方案和组织施工。

## （四）混凝土浇筑工艺

### 1. 铺料

开始浇筑前，要在老混凝土面上先铺一层 2~3 cm 厚的水泥砂浆（接缝砂浆），以保

证新混凝土与基岩或老混凝土接合良好。砂浆的水灰比应较混凝土水灰比减少 0.03 ~ 0.05。混凝土的浇筑应按一定厚度、次序、方向分层推进。

铺料厚度应根据拌和能力、运输距离、浇筑速度、气温及振捣器的性能等因素确定。一般情况下，浇筑层的允许最大厚度不应超过表 3-6 规定的数值，如采用低流态混凝土及大型强力振捣设备时，其浇筑层厚度应根据试验确定。

表 3-6 混凝土浇筑层厚度

| 项次 | 捣实混凝土的方法 | | 浇筑层厚度/mm |
| --- | --- | --- | --- |
| 1 | 插入式振捣 | | 振捣器作用部分长度的 1.25 倍 |
| 2 | 表面振动 | | 200 |
| 3 | 人工捣固 | 在基础、无筋混凝土或配筋稀疏的结构中 | 250 |
| | | 在梁、墙、板、柱结构中 | 200 |
| | | 在配筋密列的结构中 | 150 |
| 4 | 轻骨料混凝土 | 插入式振捣器 | 300 |
| | | 表面振动（振动时须加荷） | 200 |

## 2. 平仓

平仓是把卸入仓内成堆的混凝土摊平到要求的均匀厚度。平仓不好会造成离析，使骨料架空，严重影响混凝土质量。

（1）人工平仓：人工平仓用铁锹，平仓距离不超过 3 m。人工平仓只适用于在靠近模板和钢筋较密的地方，以及设备预埋件等空间狭小的二期混凝土。

（2）振捣器平仓：振捣器平仓时应将振捣器倾斜插入混凝土料堆下部，使混凝土向操作者位置移动，然后一次一次地插向料堆上部，直至混凝土摊平到规定厚度为止。如将振捣器垂直插入料堆顶部，平仓工效固然较高，但易造成粗骨料沿锥体四周下滑，砂浆则集中在中间形成砂浆窝，影响混凝土匀质性。经过振动摊平的混凝土表面可能已经泛出砂浆，但内部并未完全捣实，切不可将平仓和振捣合二为一，影响浇筑质量。

## 3. 振捣

振捣是振动捣实的简称，它是保证混凝土浇筑质量的关键工序。振捣的目的是尽可能减少混凝土中的空隙，以消除混凝土内部的孔洞，并使混凝土与模板、钢筋及预埋件紧密接合，从而保证混凝土的最大密实度，提高混凝土质量。

当结构钢筋较密，振捣器难于施工，或混凝土内有预埋件、观测设备，周围混凝土振捣力不宜过大时可采用人工振捣。人工振捣要求混凝土拌和物坍落度大于 5 cm，铺料层厚度小于 20 cm。人工振捣工具有捣固锤、捣固杆和捣固铲。捣固锤主要用来捣固混凝土的表面；捣固铲用于插边，使砂浆与模板靠紧，防止表面出现麻面；捣固杆用于钢筋稠密的混凝土中，以使钢筋被水泥砂浆包裹，增加混凝土与钢筋之间的握裹力。人工振捣工效低，混凝土质量不易保证。

混凝土振捣主要采用振捣器。振捣器产生小振幅、高频率的振动，使混凝土在其振动作用下，内摩擦力和黏结力大大降低，使干稠的混凝土获得流动性，在重力作用下骨料互相滑动而紧密排列，空隙被砂浆填满，空气被排出，从而使混凝土密实，并填满模板内部空间，且与钢筋紧密接合。

一般工程均采用电动式振捣器。电动插入式振捣器又分为串激式振捣器、软轴振捣器和硬轴振捣器三种。插入式振捣器使用较多。

混凝土振捣在平仓之后立即进行，此时混凝土流动性好，振捣容易，捣实质量好。振捣器的选用，对于素混凝土或钢筋稀疏的部位，宜用大直径的振捣棒；坍落度小的干硬性混凝土，宜选用高频和振幅较大的振捣器。振捣作业路线保持一致，并按顺序依次进行，以防漏振。振捣棒尽可能垂直地插入混凝土中，如振捣棒较长或把手位置较高，垂直插入感到操作不便时，也可略带倾斜，但与水平面夹角不宜小于45°，且每次倾斜方向应保持一致，否则下部混凝土将会发生漏振。

振捣棒应快插、慢拔。插入过慢，上部混凝土先捣实，就会阻止下部混凝土中的空气和多余的水分向上逸出；拔得过快，周围混凝土来不及填铺振捣棒留下的孔洞，将在每一层混凝土的上半部留下只有砂浆而无骨料的砂浆柱，影响混凝土的强度。为使上下层混凝土振捣密实均匀，可将振捣棒上下抽动，抽动幅度为5~10 cm。振捣棒的插入深度，在振捣第一层混凝土时，以振捣器头部不碰到基岩或老混凝土面但相距不超过5 cm为宜；振捣上层混凝土时，则应插入下层混凝土5 cm左右，使上下两层接合良好。在斜坡上浇筑混凝土时，振捣棒仍应垂直插入，并且应先振低处，再振高处，否则在振捣低处的混凝土时，已捣实的高处混凝土会自行向下流动，致使密实性受到破坏。软轴振捣棒插入深度为棒长的3/4，过深则软轴和振捣棒接合处容易损坏。

振捣棒在每一孔位的振捣时间，以混凝土不再显著下沉、水分和气泡不再逸出并开始泛浆为准。振捣时间和混凝土坍落度、石子类型及最大粒径、振捣器的性能等因素有关，一般为20~30 s。振捣时间过长，不但降低工效，且使砂浆上浮过多，石子集中下部，混凝土产生离析，严重时，整个浇筑层呈"千层饼"状态。

振捣器的插入间距控制在振捣器有效作用半径的1.5倍以内，实际操作时也可根据振捣后在混凝土表面留下的圆形泛浆区域能否在正方形排列（直线行列移动）的四个振捣孔径的中点，或三角形排列（交错行列移动）的三个振捣孔位的中点相互衔接来判断。在模板边、预埋件周围、布置有钢筋的部位以及两罐（或两车）混凝土卸料的交界处，宜适当减少插入间距以加强振捣，但不宜小于振捣棒有效作用半径的1/2，并注意不能触及钢筋、模板及预埋件。为提高工效，振捣棒插入孔位尽可能呈三角形分布。

使用外部式振捣器时，操作人员应穿绝缘胶鞋，戴绝缘手套，以防触电。平板式振捣器要保持拉绳干燥和绝缘，移动和转向时应蹬踏平板两端，不得蹬踏电机。操作时可通过倒顺开关控制电机的旋转方向，使振捣器的电机旋转方向正转或反转，从而使振捣器自动地向前或向后移动。沿铺料路线逐行进行振捣，两行之间要搭接 5 cm 左右，以防漏振。当混凝土拌和物停止下沉、表面平整、往上返浆且已达到均匀状态并充满模壳时，表明已振实，可转移作业面。在转移作业面时，要注意电缆线勿被模板、钢筋露头等挂住，防止拉断或造成触电事故。振捣混凝土时，一般横向和竖向各振捣一遍即可，第一遍主要是密实，第二遍是使表面平整，其中，第二遍是在已振捣密实的混凝土面上快速拖行。

附着式振捣器安装时应保证转轴水平或垂直。在一个模板上安装多台附着式振捣器同时进行作业时，各振捣器频率必须保持一致，相对安装的振捣器的位置应错开。振捣器所装置的构件模板要坚固牢靠，构件的面积应与振捣器的额定振动板面积相适应。

混凝土振动台是一种强力振动成形机械装置，必须安装在牢固的基础上，地脚螺栓应有足够的强度并拧紧。在振捣作业中，必须安置牢固可靠的模板锁紧夹具，以保证模板和混凝土与台面一起振动。

## 五、混凝土的养护

混凝土浇筑完毕后，在一个相当长的时间内应保持其适当的温度和足够的湿度，以创造混凝土良好的硬化条件，这就是混凝土的养护工作。混凝土表面水分不断蒸发，如不设法防止水分损失，水化作用未能充分进行，混凝土的强度将受到影响，还可能产生干缩裂缝。因此，混凝土养护的目的：一是创造有利条件，使水泥充分水化，加速混凝土的硬化；二是防止混凝土成形后因暴晒、风吹、干燥等自然因素影响，出现不正常的收缩、裂缝等现象。

混凝土的养护方法分为自然养护和热养护两类，见表3-7。养护时间取决于当地气温、水泥品种和结构物的重要性。混凝土必须养护至其强度达到 1.2MPa 以上，才准在其上行人和架设支架、安装模板，但不得冲击混凝土。

表 3-7 混凝土的养护

| 类别 | 名称 | 说明 |
|---|---|---|
| 自然养护 | 洒水（喷雾）养护 | 在混凝土面不断洒水（喷雾），保持其表面湿润 |
| | 覆盖浇水养护 | 在混凝土面覆盖湿麻袋、草袋、湿砂、锯末等，不断洒水保持其表面湿润 |
| | 围水养护 | 四周围成土埂，将水蓄在混凝土表面 |
| | 铺膜养护 | 在混凝土表面铺上薄膜，阻止水分蒸发 |
| | 喷膜养护 | 在混凝土表面喷上薄膜，阻止水分蒸发 |
| 热养护 | 蒸汽养护 | 利用热蒸汽对混凝土进行湿热养护 |
| | 热水（热油）养护 | 将水或油加热，将构件搁置在其上养护 |
| | 电热养护 | 对模板加热或微波加热养护 |
| | 太阳能养护 | 利用各种罩、窑、集热箱等封闭装置对构件进行养护 |

# 第四章　建筑防水工程施工

## 第一节　建筑屋面防水工程施工

防水工程施工是建设工程中重要的组成部分。通过防水材料的合理选择与施工，能预防建设工程施工中浸水和渗漏的发生，确保建设工程能够充分发挥使用功能，延长使用寿命。因此，防水工程的施工必须严格遵守相关操作规定，切实保证工程质量。

屋面防水工程按其构造可分为柔性防水屋面、刚性防水屋面、上人屋面、架空隔热屋面、蓄水屋面、种植屋面和金属板材屋面等。屋面防水可多道设防，将卷材、涂膜、细石防水混凝土复合使用，也可将卷材叠层施工。国家标准《屋面工程质量验收规范》（GB 50207—2012）根据建筑物的性质、重要程度、使用功能要求以及防水层耐用年限等，将屋面防水分为四个等级，不同的防水等级有不同的设防要求，见表4-1。屋面工程应根据工程特点、地区自然条件等，按照屋面防水等级设防要求，进行防水构造设计。

表4-1　屋面防水等级和设防要求

| 项目 | 屋面防水等级 | | | |
|---|---|---|---|---|
| | I | II | III | IV |
| 建筑物类别 | 特别重要或对防水有特殊要求的建筑 | 重要的建筑和高层建筑 | 一般的建筑 | 非永久的建筑 |
| 防水层合理使用年限 | 25年 | 15年 | 10年 | 5年 |
| 防水层选用材料 | 宜选用合成高分子防水卷材、高聚物改性沥青防水卷材、金属板材，合成高分子防水涂料、细石混凝土等材料 | 宜选用合成高分子防水卷材、高聚物改性沥青防水卷材、金属板材、合成高分子防水涂料、高聚物改性沥青防水涂料、细石混凝土、平瓦、油毡瓦等材料 | 宜选用三毡四油沥青防水卷材、高聚物改性沥青防水卷材、合成高分子防水卷材、金属板材、高聚物改性沥青防水涂料、合成高分子防水涂料、细石混凝土、平瓦、油毡瓦等材料 | 可选用二毡三油沥青防水卷材、高聚物改性沥青防水涂料等 |

| 项目 | 屋面防水等级 | | | |
|------|------|------|------|------|
| | Ⅰ | Ⅱ | Ⅲ | Ⅳ |
| 设防要求 | 三道或三道以上防水设防 | 两道防水设防 | 一道防水设防 | 一道防水设防 |

# 一、卷材防水屋面

卷材防水屋面属柔性防水屋面，其优点是重量轻，防水性能较好，尤其是防水层，具有良好的柔韧性，能适应一定程度的结构振动和胀缩变形；其缺点是造价高，特别是沥青卷材易老化、起鼓，耐久性差，施工工序多、工效低，维修工作量大，产生渗漏时修补、找漏困难等。

卷材防水屋面一般由结构层、隔汽层、保温层、找平层、防水层和保护层组成。其中，隔汽层和保温层在一定的气温条件和使用条件下可不设。

## （一）卷材防水材料要求

### 1. 卷材防水屋面的材料

（1）沥青

沥青是一种有机胶凝材料。在土木工程中，目前常用的是石油沥青。石油沥青按其用途，可分为建筑石油沥青、道路石油沥青和普通石油沥青三种。建筑石油沥青黏性较高，多用于建筑物的屋面及地下工程防水；道路石油沥青则用于拌制沥青混凝土和沥青砂浆或道路工程；普通石油沥青因其温度稳定性差，黏性较低，在建筑工程中一般不单独使用，而是与建筑石油沥青掺配经氧化处理后使用。

（2）卷材

①沥青卷材

沥青防水卷材按照制造方法不同，可分为浸渍（有胎）和辐压（无胎）两种。石油沥青卷材又称油毡和油纸。油毡是用高软化点的石油沥青涂盖油纸的两面，再撒上一层滑石粉或云母片而成；油纸是用低软化点的石油沥青浸渍原纸而成。建筑工程中常用的有石油沥青油毡和石油沥青油纸两种。油毡和油纸在运输、堆放时应竖直搁置，高度不宜超过两层；应储存在阴凉通风的室内，避免日晒雨淋及高温、高热。

②高聚物改性沥青卷材

高聚物改性沥青防水卷材是以合成高分子聚合物改性沥青为涂盖层，纤维织物或纤维毡为胎体，粉状、粒状、片状或薄膜材料为覆盖材料制成的可卷曲的片状材料。

③合成高分子卷材

合成高分子防水卷材是以合成橡胶、合成树脂或两者的共混体为基料，加入适量的化学助剂和填充料等，经不同工序加工而成的可卷曲的片状防水材料；或把上述材料与合成纤维等复合，形成两层或两层以上的可卷曲的片状防水材料。

（3）冷底子油

冷底子油是用 10 号或 30 号石油沥青加入挥发性溶剂配制而成的溶液。石油沥青与轻柴油或煤油以 4：6 的配合比调制而成的冷底子油为慢挥发性冷底子油，涂喷后 12~48h 干燥；石油沥青与汽油或苯以 3：7 的配合比调制而成的冷底子油为快挥发性冷底子油，涂喷后 5~10h 干燥。调制时先将熬好的沥青倒入料桶中，再加入溶剂，并不停地搅拌至沥青全部熔化为止。冷底子油具有较强的渗透性和憎水性，并使沥青胶结材料与找平层之间的黏结力增强。

（4）沥青胶结材料

沥青胶结材料是用石油沥青按一定配合比掺入填充料（粉状和纤维状矿物质）混合熬制而成的，用于粘贴油毡做防水层或作为沥青防水涂层以及接头填缝。

在沥青胶结材料中加入填充料提高耐热度、增加韧性、增强抗老化能力，填充料可采用滑石粉、板岩粉、云母粉、石棉粉等。粒径大于 0.85 mm 的颗粒不应超过 15%，含水率应在 3%以内。

**2. 进场卷材的抽样复验**

（1）同一品种、型号和规格的卷材，抽样数量：大于 1 000 卷抽取 5 卷；500~1 000 卷抽取 4 卷；100~499 卷抽取 3 卷；小于 100 卷抽取 2 卷。

（2）将受检的卷材进行规格、尺寸和外观质量检验，全部指标达到标准规定时即为合格。其中若有一项指标达不到要求，允许在受检产品中另取相同数量卷材进行复检，全部达到标准规定为合格。复检时仍有一项指标不合格，则判定该产品外观质量为不合格。

（3）在外观质量检验合格的卷材中，任取一卷做物理性能检验，若物理性能有一项指标不符合标准规定，应在受检产品中加倍取样进行该项复检；如复检结果仍不合格，则判定该产品为不合格。

**3. 卷材胶黏剂、胶黏带**

（1）改性沥青胶黏剂的剥离强度不应小于 8 N/10 mm。

（2）合成高分子胶黏剂的剥离强度不应小于 15 N/10 mm，浸水 168 h 后的保持率不应小于 70%。

（3）双面胶黏带的剥离强度不应小于 6 N/10 mm，浸水 168 h 后的保持率不应小于 70%。

（4）卷材胶黏剂和胶黏带的储运、保管。

①不同品种、规格的卷材胶黏剂和胶黏带，应分别用密封桶或纸箱包装。

②卷材胶黏剂和胶黏带应贮存在阴凉、通风的室内，严禁靠近火源和热源。

### （二）卷材防水屋面的施工

#### 1. 卷材防水的一般规定

（1）卷材的铺贴方向

当屋面坡度小于 3% 时，卷材宜平行屋脊铺贴；当屋面坡度在 3%～16% 时，卷材可平行或垂直屋脊铺贴；当屋面坡度大于 16% 或屋面受振动时，沥青防水卷材应垂直屋脊铺贴。高聚物改性沥青防水卷材和合成高分子防水卷材可平行或垂直屋脊铺贴，上、下层卷材不得相互垂直铺贴。

（2）卷材的铺贴方法

卷材防水层上有重物覆盖或基层变形较大时，应优先采用空铺法、点粘法、条粘法或机械固定法，但距离屋面周边 800 mm 内以及叠层铺贴的各层卷材之间应满粘；防水层采取满粘法施工时，找平层的分格缝处宜空铺，空铺的宽度宜为 100 mm；卷材屋面的坡度不宜超过 26%，当坡度超过 26% 时应采取防止卷材下滑的措施。

（3）卷材铺贴的施工顺序

屋面防水层施工时，应先做好节点、附加层和屋面排水比较集中等部位的处理，然后由屋面最低处向上进行。铺贴天沟、檐沟卷材时，宜顺天沟、檐沟方向，减少卷材的搭接。铺贴多跨和有高低跨的屋面时，应按先高后低、先远后近的顺序进行。等高的大面积屋面，先铺贴离上料地点较远的部位，后铺贴较近的部位。划分施工时，其界限宜设在屋脊、天沟、变形缝处。

（4）搭接方法和宽度要求

卷材铺贴应采用搭接法。相邻两幅卷材的接头还应相互错开 300 mm 以上，以免接头处多层卷材因重叠而黏结不实。叠层铺贴，上、下层两幅卷材的搭接缝也应错开 1/3 幅宽。当采用高聚物改性沥青防水卷材点粘或空铺时，两头部分必须全粘 500 mm 以上。平行于屋脊的搭接缝，应顺水流方向搭接；垂直于屋脊的搭接缝，应顺年最大频率风向搭接。叠层铺设的各层卷材，在天沟与屋面的连接处应采用交叉接法搭接，搭接缝应错开，接缝宜留在屋面或天沟侧面，不宜留在沟底。

## 2. 沥青防水卷材施工工艺

（1）基层清理

施工前清理干净基层表面的杂物和尘土，并保证基层干燥。干燥程度的建议检查方法是将 1 m 卷材平坦地干铺在找平层上，静置 3~4 h 后掀开检查，找平层覆盖部位与卷材上未见水印，即可认为基层干燥。

（2）喷涂冷底子油

先将沥青加热熔化，使其脱水至不起泡为止，然后将热沥青倒入桶内，冷却至 110℃，缓慢注入汽油，边注入边搅拌均匀。一般采用的冷底子油配合比（质量比）为 60 号道路石油沥青：汽油＝30：70；10 号（30 号）建筑石油沥青：轻柴油＝50：50。

冷底子油采用长柄棕刷进行涂刷，一般 1~2 遍成活，要求均匀一致，不得漏刷和出现麻点、气泡等缺陷；第二遍应在第一遍冷底子油干燥后再涂刷。冷底子油也可采用机械喷涂。

（3）油毡铺贴

油毡铺贴之前首先应拌制玛蹄脂，常用的为热玛蹄脂，其拌制方法为：按配合比将定量沥青破碎成 80~100 mm 的碎块，放在沥青锅里均匀加热，随时搅拌，并用漏勺及时捞清杂物，熬至脱水无泡沫时，缓慢加入预热干燥的填充料，同时不停地搅拌至规定温度，其加热温度不高于 240℃，实用温度不低于 190℃，制作好的热玛蹄脂应在 8h 之内用完。

油毡在铺贴前应保持干燥，其表面的撒布料应预先清扫干净，避免损伤油毡。在女儿墙、立墙、天沟、檐口、落水口、屋檐等屋面的转角处，均应加铺 1~2 层油毡附加层。

（4）细部处理

细部处理主要包括以下六点：

①天沟、檐沟部位。天沟、檐沟部位铺贴卷材应从沟底开始，纵向铺贴；如沟底过宽，纵向搭接缝宜留设在屋面或沟的两侧。卷材应由沟底翻上至沟外檐顶部，卷材收头应用水泥钉固定，并用密封材料封严。沟内卷材附加层在天沟、檐口与屋面交接处宜空铺，空铺的宽度不应小于 200mm。

②女儿墙泛水部位。当泛水墙体为砖墙时，卷材收头可直接铺压在女儿墙压顶下，压顶应做防水处理。也可在砖墙上预留凹槽，卷材收头端部应截齐压入凹槽内，用压条或垫片钉牢固定，最大钉距不应大于 900 mm，然后用密封材料将凹槽嵌填封严，凹槽上部的墙体也应抹水泥砂浆层做防水处理。

③变形缝部位。变形缝的泛水高度不应小于 250 mm，其卷材应铺贴到变形缝两侧砌体上面，并且缝内应填放泡沫塑料，上部填放衬垫材料，并用卷材封盖，变形缝顶部应加

扣混凝土盖板或金属盖板，盖板的接缝处要用油膏嵌封严密。

④落水口部位。落水口杯上口的标高应设置在沟底的最低处。铺贴时，卷材贴入落水口杯内不应小于 50 mm，并涂刷防水涂料 1 遍或 2 遍，且使落水口周围 500 mm 的范围坡度不小于 5%，并在基层与落水口接触处应留 20 mm 宽、20 mm 深的凹槽，用密封材料嵌填密实。

⑤伸出屋面的管道。将管道根部周围做成圆锥台，管道与找平层相接处留 20 mm×20 mm 的凹槽，嵌填密封材料，并将卷材收头处用金属箍箍紧，用密封材料封严。

⑥无组织排水。排水檐口 800 mm 范围内卷材应采取满粘法，卷材收头压入预留的凹槽内，采用压条或带垫片钉子固定，最大钉距不应大于 900 mm，凹槽内用密封材料嵌填封严，并应注意在檐口下端抹出鹰嘴和滴水槽。

### 3. 高聚物改性沥青水卷材施工工艺

（1）清理基层

基层要保证平整，无空鼓、起砂，阴阳角应呈圆弧形，坡度符合设计要求，尘土、杂物要清理干净，保持干燥。

（2）涂刷基层处理剂

基层处理剂是利用汽油等溶液稀释胶黏剂制成，应搅拌均匀，用长把滚刷均匀涂刷在基层表面上，涂刷时要均匀一致。

（3）高聚物改性沥青防水卷材施工

高聚物改性沥青防水卷材、施工，有冷粘法铺贴卷材，热熔法铺贴卷材和自粘法铺贴卷材三种方法。

第一种，冷粘法铺贴卷材。

①胶黏剂涂刷应均匀，不露底、不堆积。卷材空铺、点粘、条粘时，应按规定的位置及面积涂刷胶黏剂。

②根据胶黏剂的性能，应控制胶黏剂涂刷与卷材铺贴的间隔时间。

③铺贴卷材时应排除卷材下面的空气，并辐压粘贴牢固。

④铺贴卷材时应平整顺直，搭接尺寸准确，不得扭曲、折皱。搭接部位的接缝应满涂胶黏剂，辐压粘贴牢固。

⑤搭接缝口应用材性相容的密封材料封严。

第二种，热熔法铺贴卷材。

①火焰加热器的喷嘴至卷材面的距离应适中，幅宽内加热应均匀，以卷材表面熔融至光亮黑色为度，不得过分加热卷材。厚度小于 3 mm 的高聚物改性沥青防水卷材，严禁采

用热熔法施工。

②卷材表面热熔后应立即滚铺卷材，滚铺时应排除卷材下面的空气，使之平展并粘贴牢固。

③搭接缝部位宜以溢出热熔的改性沥青为度，溢出的改性沥青宽度以 2 mm 左右并均匀顺直为宜。当接缝处的卷材有铝箔或矿物粒（片）料时，应清除干净后再进行热熔和接缝处理。

④铺贴卷材时应平整顺直，搭接尺寸准确，不得扭曲。

⑤采用条粘法时，每幅卷材与基层黏结面不应少于两条，每条宽度不应小于 150 mm。

第三种，自粘法铺贴卷材。

①铺贴卷材前，基层表面应均匀涂刷基层处理剂，干燥后及时铺贴卷材。

②铺贴卷材时应将自黏胶底面的隔离纸完全撕净。

③铺贴卷材时应排除卷材下面的空气，并辐压粘贴牢固。

④铺贴的卷材应平整顺直，搭接尺寸准确，不得扭曲、皱褶。低温施工时，立面、大坡面及搭接部位宜采用热风机加热，加热后随即粘贴牢固。

⑤搭接缝口应采用材性相容的密封材料封严。

### 4. 合成高分子防水卷材施工工艺

（1）基层处理

基层表面为水泥浆找平层，找平层要求表面平整。当基层面有凹坑或不平时，可用 108 胶水水泥砂浆嵌平或抹层缓坡。基层在铺贴前须做到洁净、干燥。

（2）高分子防水卷材的铺贴

高分子防水卷材的铺贴为冷粘法和热焊法两种施工方法，使用最多的是冷粘法。冷粘法施工是以合成高分子卷材为主体材料，配以与卷材同类型的胶黏剂及其他辅助材料，用胶黏剂贴在基层形成防水层的施工方法。

冷粘法施工工序如下：

①刷底胶。将高分子防水材料胶黏剂配制成的基层处理剂或胶黏带，均匀地深刷在基层的表面，在干燥 4~12h 后再进行后道工序。胶黏剂涂刷应均匀，不露底，不堆积。

②卷材上胶。先将卷材在干净、平整的面层上展开，用长滚刷蘸满搅拌均匀的胶黏剂，涂刷在卷材的表面，涂胶的厚度要均匀且无漏涂，但在沿搭接部位留出 100 mm 宽的无胶带。静置 10~20 min，当胶膜干燥且手指触摸基本不粘手时，用纸筒芯重新卷好带胶的卷材。

③滚铺。卷材的铺贴应从流水口下坡开始。先弹出基准线，然后将已涂刷胶黏剂的卷

材一端先粘贴固定在预定部位，再逐渐沿基线滚动展开卷材，将卷材粘贴在基层上。

卷材滚铺施工中应注意：铺设同一跨屋面的防水层时，应先铺设排水口、天沟、檐口等处排水比较集中的部位，按标高由低向高的顺序铺设；在铺多跨或高低跨屋面防水卷材时，应按先高后低、先远后近的顺序进行；应将卷材顺长方向铺，并使卷材长面与流水坡度垂直，卷材的搭接要顺流水方向，不应呈逆向。

④上胶。在铺贴完成的卷材表面再均匀地涂刷一层胶黏剂。

⑤复层卷材。根据设计要求可再重复上述施工方法，再铺贴一层或数层的高分子防水卷材，达到屋面防水的效果。

⑥着色剂。在高分子防水卷材铺贴完成、质量验收合格后，可在卷材表面涂刷着色剂，起到保护卷材和美化环境的作用。

## 二、涂膜防水屋面

涂膜防水屋面是在屋面基层上涂刷防水涂料，经固化后形成一层有一定厚度和弹性的整体涂膜，从而达到防水目的的一种防水屋面形式。防水涂料的特点：防水性能好，固化后无接缝；施工操作简便，可适应各种复杂的防水基面；与基面黏结强度高；温度适应性强；施工速度快，易于修补等。

### （一）材料要求

#### 1. 进场防水涂料和胎体增强材料的抽样复验

（1）同一规格、品种的防水涂料，每 10t 为一批，不足 10t 者按一批进行抽样。胎体增强材料，每 3 000 m² 为一批，不足 3 000 m² 者按一批进行抽样。

（2）防水涂料和胎体增强材料的物理性能检验，全部指标达到标准规定时，即为合格。若有一项指标达不到要求，允许在受检产品中加倍取样进行该项复检；如复检结果仍不合格，则判定该产品为不合格。

#### 2. 防水涂料和胎体增强材料的储运、保管

（1）防水涂料包装容器必须密封，容器表面应标明涂料名称、生产厂名、执行标准号、生产日期和产品有效期，并分类存放。

（2）反应型和水乳型涂料储运和保管的环境温度不宜低于 5℃。

（3）溶剂型涂料储运和保管的环境温度不宜低于 0℃，并不得日晒、碰撞和渗漏；保管环境应干燥、通风，并远离火源；仓库内应设有消防设施。

（4）胎体增强材料储运、保管的环境应干燥、通风，并远离火源。

## （二）涂膜防水屋面的施工

### 1. 基层清理

涂膜防水层施工前，先将基层表面的杂物、砂浆硬块等清扫干净，基层表面平整，无起砂、起壳、龟裂等现象。

### 2. 涂刷基层处理剂

基层处理剂常采用稀释后的涂膜防水材料，其配合比应根据不同防水材料按要求确定。涂刷时应涂刷均匀、覆盖完全。

### 3. 附加涂膜层施工

涂膜防水层施工前，在管根部、落水口、阴阳角等部位必须先做附加涂层。附加涂层的做法是：在附加层涂膜中铺设玻璃纤维布，用板刷涂刮驱除气泡，将玻璃纤维布紧密地贴在基层上，不得出现空鼓或折皱，可以多次涂刷涂膜。

### 4. 涂膜防水层施工

涂膜防水应根据防水涂料的品种分层分遍涂布，不得一次涂成；应待先涂的涂层干燥成膜后，方可涂后一遍涂料；须铺设胎体增强材料时，屋面坡度小于15%时可平行屋脊铺设，屋面坡度大于15%时应垂直屋脊铺设；胎体增强材料长边搭接宽度不应小于 50 mm，短边搭接宽度不应小于 70 mm；采用两层胎体增强材料时，上、下层不得相互垂直铺设，搭接缝应错开，其间距不应小于幅宽的1/3。

涂膜防水层的厚度：高聚物改性沥青防水涂料，在屋面防水等级为Ⅱ级时，不应小于 3 mm；合成高分子防水涂料，在屋面防水等级为Ⅲ级时，不应小于 1.5 mm。

施工要点：防水涂膜应分层分遍涂布，第一层一般不需要刷冷底子油，待先涂的涂层干燥成膜后，方可涂布下一遍涂料。在板端、板缝、檐口与屋面板交接处，先干铺一层宽度为 150~300 mm 的塑料薄膜缓冲层。铺贴玻璃丝布或毡片应采用搭接法。

铺加衬布前，应先浇胶料并刮刷均匀，然后立即铺加衬布，再在上面浇胶料刮刷均匀，纤维不露白，用辊子滚压实，排尽布下空气。必须待上道涂层干燥后，方可进行后道涂料施工，干燥时间视当地温度和湿度而定，一般为 4~24 h。

### 5. 保护层施工

涂膜防水屋面应设置保护层。保护层材料可采用绿豆砂、云母、蛭石、浅色涂料、水泥砂浆、细石混凝土或块材等。当采用水泥砂浆、细石混凝土或块材保护层时，应在防水涂膜与保护层之间设置隔离层，以防止因保护层的伸缩变形，将涂膜防水层破坏而造成渗漏。当用绿豆砂、云母、蛭石时，应在最后一遍涂料涂刷后随即撒上，并用扫帚轻扫均匀、轻拍粘牢；当用浅色涂料做保护层时，应在涂膜固化后进行。

## 三、刚性防水屋面

刚性防水屋面用细石混凝土、块体材料或补偿收缩混凝土等材料做屋面防水层，依靠混凝土密实并采取一定的构造措施，以达到防水的目的。

刚性防水屋面所用材料虽然容易取得，价格低廉、耐久性好、维修方便，但是对地基不均匀沉降、温度变化、结构振动等因素都非常敏感，容易产生变形开裂，且防水层与大气直接接触，表面容易炭化和风化，如果处理不当，极易发生渗漏水现象，所以，刚性防水屋面适用于Ⅰ~Ⅲ级的屋面防水，不适用于设有松散材料保温层以及受较大振动或冲击的和坡度大于 15% 的建筑屋面。

### （一）材料要求

1. 防水层的细石混凝土宜用普通硅酸盐水泥或硅酸盐水泥，不得使用火山灰质硅酸盐水泥；当采用矿渣硅酸盐水泥时，应采取减少泌水性的措施。

2. 防水层内配置的钢筋宜采用冷拔低碳钢丝。

3. 防水层的细石混凝土中，粗集料的最大粒径不宜大于 15 mm，含泥量不应大于 1%；细集料应采用中砂或粗砂，含泥量不应大于 2%。

4. 防水层细石混凝土使用的外加剂，应根据不同品种的适用范围、技术要求选择。

5. 水泥储存时应防止受潮，存放期不得超过三个月。当超过存放期限时，应重新检验确定水泥强度等级。受潮结块的水泥不得使用。

6. 外加剂应分类保管，不得混杂，并应存放于阴凉、通风、干燥处。运输时应避免雨淋、日晒和受潮。

### （二）刚性防水屋面施工

#### 1. 基层要求

刚性防水屋面的结构层宜为整体现浇的钢筋混凝土。当屋面结构层采用装配式钢筋混凝土板时，应用强度等级不小于 C20 的细石混凝土灌缝，灌缝的细石混凝土宜掺加膨胀剂。当屋面板板缝宽度大于 40 mm 或上窄下宽时，板缝内必须设置构造钢筋，灌缝高度与板面齐平，板端缝应用密封材料进行嵌缝密封处理。

#### 2. 隔离层施工

为了消除结构变形对防水层的不利影响，可将防水层和结构层完全脱离，在结构层和防水层之间增加一层厚度为 10~20 mm 的黏土砂浆，或者铺贴卷材隔离层。

（1）黏土砂浆隔离层施工。将石灰膏：砂：黏土＝1：2.4：3.6 的材料均匀拌和，铺抹 10~20 mm 厚，压平抹光，待砂浆基本干燥后，进行防水层施工。

（2）卷材隔离层施工。用 1：3 的水泥砂浆找平结构层，在干燥的找平层上铺一层干细砂后，再在其上铺一层卷材隔离层，搭接缝用热沥青玛蹄脂。

### 3. 细石混凝土防水层施工

（1）混凝土水胶比不应大于 0.55，每立方米混凝土的水泥和掺合料用量不应小于 330 kg，砂率宜为 35%~40%，灰砂比宜为 1：2~1：2.5。

（2）细石混凝土防水层中的钢筋网片，施工时应放置在混凝土的上部。

（3）分格条安装位置应准确，起条时不得损坏分格缝处的混凝土；当采用切割法施工时，分格缝的切割深度宜为防水层厚度的 3/4。

（4）普通细石混凝土中掺入减水剂、防水剂时，应计量准确、投料顺序得当、搅拌均匀。

（5）混凝土搅拌时间不应少于 2 min，混凝土运输过程中应防止漏浆和离析；每个分格板块的混凝土应一次浇筑完成，不得留设施工缝；抹压时不得在表面洒水、加水泥浆或撒干水泥，混凝土收水后应进行二次压光。

（6）防水层的节点施工应符合设计要求；预留孔洞和预埋件位置应准确；安装管件后，其周围应按设计要求嵌填密实。

（7）混凝土浇筑后应及时进行养护，养护时间不宜少于 14 d；养护初期屋面不得上人。

# 第二节　地下建筑防水工程施工

## 一、地下工程防水混凝土施工

### （一）地下工程防水混凝土的设计要求

防水混凝土又称抗渗混凝土，是以改进混凝土配合比、掺加外加剂或采用特种水泥等手段提高混凝土密实性、憎水性和抗渗性，使其满足抗渗等级大于或等于 P6（抗渗压力为 0.6 MPa）要求的不透水性混凝土。

## 1. 防水混凝土抗渗等级的选择

防水混凝土的设计抗渗等级应符合表 4-2 的规定。

表 4-2 防水混凝土的设计抗渗等级

| 工程埋置深度/m | <10 | 10~20 | 20~30 | 30~40 |
| --- | --- | --- | --- | --- |
| 设计抗渗等级 | P6 | P8 | P10 | P12 |

注：①本表适用于Ⅳ、Ⅴ级围岩（土层及软弱围岩）。

②山岭隧道防水混凝土的抗渗等级可按铁道部门的相关规范执行。

由于建筑地下防水工程配筋较多，不允许渗漏，其防水要求一般高于水工混凝土，故防水混凝土抗渗等级最低定为 P6，一般多采用 P8，水池的防水混凝土抗渗等级不应低于 P6，重要工程的防水混凝土的抗渗等级宜定为 P8~P20。

## 2. 防水混凝土的最小抗压强度和结构厚度

（1）地下工程防水混凝土结构的混凝土垫层，其抗压强度等级不应低于 C15，厚度不应小于 100mm。

（2）在满足抗渗等级要求的同时，其抗压强度等级一般可控制在 C20~C30 范围内。

（3）防水混凝土结构厚度须根据计算确定，但其最小厚度应根据部位、配筋情况及施工是否方便等因素，按表 4-3 选定。

表 4-3 防水混凝土的结构厚度

| 结构类型 | 最小厚度/mm | 结构类型 | 最小厚度/mm |
| --- | --- | --- | --- |
| 无筋混凝土结构 | >150 | 钢筋混凝土立墙：单排配筋 | >200 |
| 钢筋混凝土底板 | >150 | 双排配筋 | >250 |

## 3. 防水混凝土的配筋及其保护层

（1）设计防水混凝土结构时，应优先采用变形钢筋，配置应细而密，直径宜用 Φ8~Φ25，中距≤200 mm，分布应尽可能均匀。

（2）钢筋保护层厚度，处在迎水面应不小于 35 mm；当直接处于侵蚀性介质中时，保护层厚度不应小于 50 mm。

（3）在防水混凝土结构设计中，应按照裂缝展开进行验算。一般处于地下水及淡水中的混凝土裂缝的允许厚度，其上限可定为 0.2 mm；在特殊重要工程、薄壁构件或处于侵蚀性水中，裂缝允许宽度应控制在 0.1~0.15 mm；当混凝土在海水中并经受反复冻融循环时，控制应更严，可参照有关规定执行。

### （二）防水混凝土的搅拌

#### 1. 准确计算、称量用料量

严格按选定的施工配合比，准确计算并称量每种用料。外加剂的掺加方法应遵从所选外加剂的使用要求。水泥、水、外加剂掺合料计量允许偏差不应大于±1%；砂、石计量允许偏差不应大于2%。

#### 2. 控制搅拌时间

防水混凝土应采用机械搅拌，搅拌时间一般不少于2 min，掺入引气型外加剂，则搅拌时间为2~3 min，掺入其他外加剂应根据相应的技术要求确定搅拌时间。掺入 UEA 膨胀剂防水混凝土搅拌的最短时间，按表4-4采用。

表4-4　防水混凝土搅拌的最短时间 s

| 混凝土坍落度/mm | 搅拌机机型 | 搅拌机出料量/L | | |
| --- | --- | --- | --- | --- |
| | | <250 | 250~500 | >500 |
| <30 | 强制式 | 90 | 120 | 150 |
| | 自落式 | 150 | 180 | 210 |
| >30 | 强制式 | 90 | 90 | 120 |
| | 自落式 | 150 | 150 | 180 |

注：①混凝土搅拌的最短时间是指自全部材料装入搅拌筒中起，到开始卸料止的时间。

②当掺有外加剂时，搅拌时间应适当延长（表中的搅拌时间为已延长的搅拌时间）。

③全轻混凝土宜采用强制式搅拌机搅拌，砂轻混凝土可采用自落式搅拌机搅拌，但搅拌时间应延长60~90s。

④采用强制式搅拌机搅拌轻集料混凝土的加料顺序是：当轻集料在搅拌前预湿时，先加粗集料、细集料和水泥搅拌30s，再加水继续搅拌；当轻集料在搅拌前未预湿时，先加1/2的总用水量和粗集料、细集料搅拌60s，再加水泥和剩余用水量继续搅拌。

⑤当采用其他形式的搅拌设备时，搅拌的最短时间应按设备说明书的规定或经试验确定。

### （三）防水混凝土的浇筑

浇筑前，应将模板内部清理干净，木模用水湿润模板。浇筑时，若入模自由高度超过1.5 m，则必须用串筒、溜槽或溜管等辅助工具将混凝土送入，以防离析和造成石子滚落堆积，影响质量。

在防水混凝土结构中有密集管群穿过处、预埋件或钢筋稠密处，浇筑混凝土有困难时，应采用相同抗渗等级的细石混凝土浇筑；预埋大管径的套管或面积较大的金属板时，应在其底部开设浇筑振捣孔，以利于排气、浇筑和振捣。

随着混凝土龄期的延长，水泥继续水化，内部可冻结水大量减少，同时水中溶解盐的浓度增加，因而冰点也会随龄期的增加而降低，使抗渗性能逐渐提高。为了保证早期免遭冻害，不宜在冬期施工，而应选择在气温为15℃以上的环境中施工。因为气温在4℃时，强度增长速度仅为15℃时的50%；而混凝土表面温度降到-4℃时，水泥水化作用停止，强度也停止增长。如果此时混凝土强度低于设计强度的50%，冻胀使内部结构遭到破坏，造成强度、抗渗性急剧下降。为防止混凝土早期受冻，北方地区对于施工季节的选择安排十分重要。

### （四）防水混凝土的振捣

防水混凝土应采用混凝土振动器进行振捣。当用插入式混凝土振动器时，插点间距不宜大于振动棒作用半径的1.5倍，振动棒与模板的距离不应大于其作用半径的0.5倍。振动棒插入下层混凝土内的深度不应小于50 mm，每一振点均应快插慢拔，将振动棒拔出后，混凝土会自然地填满插孔。当采用表面式混凝土振动器时，其移动间距应保证振动器的平板能覆盖已振实部分的边缘。混凝土必须振捣密实，每一振点的振捣延续时间应使混凝土表面呈现浮浆和不再沉落。

施工时的振捣是保证混凝土密实性的关键，浇筑时必须分层进行，按顺序振捣。采用插入式振捣器时，分层厚度不宜超过30 cm；用平板振捣器时，分层厚度不宜超过20 cm。一般应在下层混凝土初凝前接着浇筑上一层混凝土。通常，分层浇筑的时间间隔不超过2 h；气温在30℃以上时不超过1h。防水混凝土浇筑高度一般不超过1.5 m，否则应用串筒和溜槽或侧壁开孔的办法浇捣。振捣时，不允许用人工振捣，必须采用机械振捣，做到不漏振、不欠振，又不重振、多振。防水混凝土密实度要求较高，振捣时间宜为10～30 s，直到混凝土开始泛浆和不冒气泡为止。掺引气剂、减水剂时应采用高频插入式振捣器振捣。振捣器的插入间距不得大于500 mm，贯入下层不得小于50 mm。这对保证防水混凝土的抗渗性和抗冻性更有利。

### （五）防水混凝土施工缝的处理

#### 1. 施工缝留置要求

防水混凝土应连续浇筑，宜少留设施工缝。顶板、底板不宜留设施工缝，顶拱、底拱不宜留设纵向施工缝。当留设施工缝时，应遵守下列规定：

（1）墙体水平施工缝不宜留在剪力与弯矩最大处或底板与侧墙的交接处，应留在同出底板表面不小于 300 mm 的墙体上。拱（板）墙接合的水平施工缝，宜留在拱（板）墙接缝线以下 150~300 mm 处。墙体有预留孔洞时，施工缝距离孔洞边缘不宜小于 300 mm。

（2）垂直施工缝应避开地下水和裂隙水较多的地段，并宜与变形缝相接合。

**2. 施工缝的施工要求**

（1）水平施工缝浇筑混凝土前，应将其表面浮浆和杂物清除，先铺净浆，再铺 30~50 mm厚的 1∶1 水泥砂浆或涂刷混凝土界面处理剂，同时要及时浇筑混凝土。

（2）垂直施工缝浇筑混凝土前，应将表面清理干净，并涂刷水泥净浆或混凝土界面处理剂，并及时浇筑混凝土。

（3）选用的遇水膨胀止水条应具有缓胀性能，其 7 d 的膨胀率不应大于最终膨胀率的 60%。

（4）遇水膨胀止水条应牢固地安装在缝表面或预留槽内。

（5）采用中埋止水带时，应确保位置准确、固定牢靠。

### （六）防水混凝土的养护

防水混凝土的养护比普通混凝土更为严格，必须充分重视，因为混凝土早期脱水或养护过程缺水，抗渗性将大幅度降低。特别是前 7 d 的养护更为重要，养护期不少于 14 d，火山灰质硅酸盐水泥养护期不少于 21 d。浇水养护次数应能保持混凝土充分湿润，每天浇水 3~4 次或更多次数，并用湿草袋或薄膜覆盖混凝土的表面，应避免暴晒。冬期施工应有保暖、保温措施。因为防水混凝土的水泥用量较大，相应混凝土的收缩性也大，养护不好极易开裂，降低抗渗能力。因此，当混凝土进入终凝（浇筑后 4~6 h）即应覆盖并浇水养护。防水混凝土不宜采用电热法养护。

如果浇筑成形的混凝土表面覆盖养护不及时，尤其在北方地区夏季炎热干燥的情况下，内部水分将迅速蒸发，使水化不能充分进行。而水分蒸发造成毛细管网相互连通，形成渗水通道；同时，混凝土收缩量加快，就会出现龟裂使抗渗性能下降，丧失抗渗透能力。养护及时则会使混凝土在潮湿环境中水化，能使内部游离水分蒸发缓慢，水泥水化充分，堵塞毛细孔隙，形成互不连通的细孔，大大提高防水抗渗性。

当环境温度达到 10℃时可少浇水，因为在此温度下养护抗渗性能最差。当养护温度从 10℃提高到 25℃时，混凝土抗渗压力从 0.1 MPa 提高到 1.5 MPa 以上。但养护温度过高，也会使抗渗性能降低。当冬期采用蒸汽养护时，最高温度不超过 50℃，养护时间必须达到 14 d。

采用蒸汽养护时，不宜直接向混凝土喷射蒸汽，但应保持混凝土结构有一定的湿度，防止混凝土早期脱水，并应采取措施排除冷凝水和防止结冰。

# 二、地下工程沥青防水卷材施工

## （一）材料要求

1. 宜采用耐腐蚀油毡。油毡选用要求与防水屋面工程施工相同。

2. 沥青胶黏材料和冷底子油的选用、配制方法与石油沥青油毡防水屋面工程施工基本相同。沥青的软化点，应较基层及防水层周围介质可能达到的最高温度高出 20℃ ~ 25℃，且不低于 40℃。

## （二）平面铺贴卷材

1. 铺贴卷材前，宜使基层表面干燥，先喷冷底子油接合层两道，然后根据卷材规格及搭接要求弹线，按线分层铺设。

2. 粘贴卷材的沥青胶黏材料的厚度一般为 1.5~2.5mm。

3. 卷材搭接长度，长边不应小于 100 mm，短边不应小于 150 mm。上、下两层和相邻两幅卷材的接缝应错开，上、下层卷材不得相互垂直铺贴。

4. 在平面与立面的转角处，卷材的接缝应留在平面上距立面不小于 600 mm 处。

5. 在所有转角处均应铺贴附加层。附加层应按加固处的形状仔细粘贴紧密。

6. 粘贴卷材时应展平压实。卷材与基层和各层卷材间必须黏结紧密，多余的沥青胶黏材料应挤出，搭接缝必须用沥青胶黏材料仔细封严。最后一层卷材贴好后，应在其表面上均匀地涂刷一层厚度为 1~1.5 mm 的热沥青胶黏材料，同时撒拍粗砂，以形成防水保护层的接合层。

## （三）立面铺贴卷材

1. 铺贴前宜使基层表面干燥，满喷冷底子油两道，干燥后即可铺贴。

2. 应先铺贴平面，后铺贴立面，平、立面交接处应加铺附加层。

3. 在结构施工前，应将永久性保护墙砌筑在与须防水结构同一垫层上。保护墙贴防水卷材面应先抹 1∶3 水泥砂浆找平层，干燥后喷涂冷底子油，干燥后即可铺贴油毡卷材。卷材铺贴必须分层，先铺贴立面，后铺贴平面，铺贴立面时应先铺转角，后铺大面；卷材防水层铺完后，应按规范或设计要求做水泥砂浆或混凝土保护层，一般在立面上应在涂刷防水层最后一层沥青胶黏材料时，粘上干净的粗砂，待冷却后，抹一层 10~20 mm 厚的

1：3水泥砂浆保护层；在平面上可铺设一层30~50 mm厚的细石混凝土保护层。

4. 采用外防外贴法铺贴卷材

（1）铺贴卷材应先铺平面，后铺立面，交接处应交叉搭接。

（2）临时性保护墙应用石灰砂浆砌筑，内表面应用石灰砂浆做找平层，并刷石灰浆。如用模板代替临时性保护墙时，应在其上涂刷隔离剂。

（3）从底面折向立面的卷材与永久性保护墙的接触部位，应采用空铺法施工。与临时性保护墙或围护结构模板接触的部位，应临时黏附在该墙上或模板上，卷材铺好后，其顶端应临时固定。

（4）当不设保护墙时，从底面折向立面的卷材的接槎部位应采取可靠的保护措施。

（5）主体结构完成后，铺贴立面卷材时，应先将接槎部位的各层卷材揭开，并将其表面清理干净，如卷材有局部损伤，应及时进行修补。卷材接槎的搭接长度，高聚物改性沥青卷材为150 mm，合成高分子卷材为100 mm。当使用两层卷材时，卷材应错槎接缝，上层卷材应盖过下层卷材。

5. 采用外妨内防法铺贴卷材

（1）主体结构的保护墙内表面应抹1：3水泥砂浆找平层，然后铺贴卷材，并根据卷材特性选用保护层。

（2）卷材宜先铺立面，后铺平面。铺贴立面时，应先铺转角，后铺大面。

6. 保护层

卷材防水层经检查合格后，应及时做保护层。保护层应符合以下规定：

（1）顶板卷材防水层上的细石混凝土保护层厚度不应小于70 mm，防水层为单层卷材时，在防水层与保护层之间应设置隔离层。

（2）底板卷材防水层上的细石混凝土保护层厚度不应小于50 mm。

（3）侧墙卷材防水层宜采用软保护或铺抹20 mm厚的1：3水泥砂浆。

# 三、水泥砂浆防水施工

水泥砂浆防水施工属刚性防水附加层的施工。如地下室工程虽然以混凝土结构自防水为主，可并不意味着其他防水做法不重要。因为大面积的防水混凝土难免会存在一些缺陷。另外，防水混凝土虽然不渗水，但透湿量还是相当大的，故对防水、防湿要求较高的地下室，还必须在混凝土的迎水面或背水面抹防水砂浆附加层。

水泥砂浆防水层所用的材料及配合比应符合规范规定。水泥砂浆防水层是由水泥砂浆层和水泥浆层交替铺抹而成，一般须做4~5层，其总厚度为15~20 mm。施工时分层铺抹或喷射，水泥砂浆每层厚度宜为5~10 mm，铺抹后应压实，表面提浆压光；水泥浆每层厚度宜为 2 mm。防水层各层间应紧密接合，并宜连续施工。如必须留设施工缝时，平面留槎采用阶梯坡形槎，接槎位置一般宜留设在地面上，也可留设在墙面上，但须离开阴阳角处 200 mm。

# 第三节　厨房、卫生间防水工程施工

## 一、厨房、卫生间地面防水构造与施工要求

### （一）结构层

卫生间地面结构层宜采用整体现浇钢筋混凝土板或预制整块开间钢筋混凝土板。如设计时板缝应用防水砂浆堵严，表面 20 mm 深处宜嵌填放沥青基密封材料，也可在板缝嵌填放水砂浆并抹平表面后附加涂膜防水层，即铺贴 100 mm 宽玻璃纤维布一层，涂刷两道沥青基涂膜防水层，其厚度不小于 2 mm。

### （二）找坡层

地面坡度应严格按照设计要求施工，做到坡度准确、排水通畅。当找坡层厚度小于 30 mm 时，可用水泥混合砂浆（水泥：石灰：砂＝1：1.5：8）；当找坡层厚度大于 30 mm 时，宜用 1：6 水泥炉渣材料，此时炉渣粒径宜为 5~20 mm，要求严格过筛。

### （三）找平层

要求采用 1：2.5~1：3 水泥砂浆，找平前清理基层并浇水湿润，但不得有积水，找平时边扫水泥浆边抹水泥砂浆，做到压实、找平、抹光，水泥砂浆宜掺防水剂，以形成一道防水层。

### （四）防水层

由于厨房、卫生间管道多，工作面小，基层结构复杂，故一般采用涂膜防水材料较为适宜。常用的涂膜防水材料有聚氨酯防水涂料、氯丁胶乳沥青防水涂料、SBS 橡胶改性沥青防水涂料等，应根据工程性质和使用标准选用。

### （五）面层

地面装饰层按设计要求施工，一般采用 1：2 水泥砂浆、陶瓷马赛克和防滑地砖等。

墙面防水层一般须做到 1.8 m 高，然后用砂抹水泥砂浆或贴面砖（或贴面砖到顶）装饰层。

# 二、厨房、卫生间地面防水层施工

## （一）施工准备

### 1. 材料准备

（1）进场材料复验

供货时必须有生产厂家提供的材料质量检验合格证。材料进场后，使用单位应对进场材料的外观进行检查，并做好记录。材料进场一批，应抽样复验一批。复验项目包括：拉伸强度、断裂伸长率、不透水性、低温柔性、耐热度。各地也可根据本地区主管部门的有关规定，适当增减复验项目。各项材料指标复验合格后，该材料方可用于工程施工。

（2）防水材料储存

材料进场后，设专人保管和发放。材料不能露天放置，必须分类存放在干燥通风的室内，并远离火源，严禁烟火。水溶性涂料在 0℃ 以上储存，受冻后的材料不能用于工程。

### 2. 机具准备

一般应备有配料用的电动搅拌器、拌料桶、磅秤，涂刷涂料用的短把棕刷、油漆毛刷、滚动刷，油漆小桶、油漆嵌刀、塑料或橡皮刮板，铺贴胎体增强材料用的剪刀、压碾辊等。

### 3. 基层要求

（1）对卫生间现浇混凝土楼面必须振捣密实，随抹压光，形成一道自身防水层，这是十分重要的。

（2）穿楼板的管道孔洞、套管周围缝隙用掺膨胀剂的绿豆砂细石混凝土浇灌严实抹平，孔洞较大的，应吊底模浇灌。禁用碎砖、石块堵填。一般单面临墙的管道，距离墙体应不小于 50mm；双面临墙的管道，一边距离墙体不小于 50 mm，另一边距离墙体不小于 80mm。

（3）为保证管道穿楼板孔洞位置准确和灌缝质量，可采用手持金刚石薄壁钻机钻孔。经应用测算，这种方法的成孔和灌缝工效比芯模留孔方法的工效高 1.5 倍。

（4）在结构层上做厚 20 mm 的 1：3 水泥砂浆找平层，作为防水层基层。

（5）基层必须平整、坚实，表面平整度用 2 m 长直尺检查，基层与直尺间最大间隙不应大于 3 mm。基层有裂缝或凹坑，用 1：3 水泥砂浆或水泥胶腻子修补平滑。

（6）基层所有转角做成半径为 10 mm 均匀一致的平滑小圆角。

（7）所有管件、地漏或排水口等部位，必须就位正确、安装牢固。

（8）基层含水率应符合各种防水材料对含水率的要求。

### 4. 劳动组织

为保证质量，应由专业防水施工队伍施工，一般民用住宅厕浴间的防水施工以 2~3 人为一组较合适。操作工人要穿工作服、戴手套、穿软底鞋操作。

### （二）聚氨酯防水涂料施工

#### 1. 施工程序

清理基层→涂刷基层处理剂→涂刷附加增强层防水涂料→涂刮第一遍涂料→涂刮第二遍涂料→涂刮第三遍涂料→第一次蓄水试验→稀撒砂粒→质量验收→饰面层施工→第二次蓄水试验。

#### 2. 操作要点

（1）清理基层

将基层清扫干净；基层应做到找坡正确，排水顺畅，表面平整、坚实，无起灰、起砂、起壳及开裂等现象。涂刷基层处理剂前，基层表面应达到干燥状态。

（2）涂刷基层处理剂

将聚氨酯与二甲苯按规定的比例配合搅拌均匀即可使用。先在阴阳角、管道根部用滚动刷或油漆刷均匀涂刷一遍，然后大面积涂刷，材料用量为 0.15~0.2 kg/m²。涂刷后干燥 4 h 以上，才能进行下一道工序施工。

（3）涂刷附加增强层防水涂料

在地漏、管道根、阴阳角和出入口等容易漏水的薄弱部位，应先用聚氨酯防水涂料按规定的比例配合，均匀涂刮一次做附加增强层处理。按设计要求，细部构造也可按带胎体增强材料的附加增强层处理。胎体增强材料宽度为 300~500 mm，搭接缝为 100 mm，施工时，须边铺贴平整，边涂刮聚氨酯防水涂料。

（4）涂刮第一遍涂料

将聚氨酯防水涂料按规定的比例混合，开动电动搅拌器，搅拌 3~5 min，用胶皮刮板均匀涂刮一遍。操作时要厚薄一致，用料量为 0.8~1.0 kg/m²，立面涂刮高度不应小于 100 mm。

（5）涂刮第二遍涂料

待第一遍涂料固化干燥后，要按相同方法涂刮第二遍涂料。涂刮方向应与第一遍相垂直，用料量与第一遍相同。

（6）涂刮第三遍涂料

待第二遍涂料涂膜固化后，再按上述方法涂刮第三遍涂料，用料量为 0.4 ~0.5 kg/m²。

涂刮聚氨酯涂料三遍后，用料量总计为 2.5 kg/m²，防水层厚度不小于 1.5 mm。

（7）第一次蓄水试验

待涂膜防水层完全固化干燥后即可进行蓄水试验。蓄水试验 24 h 后观察，无渗漏为合格。

（8）饰面层施工

涂膜防水层蓄水试验不渗漏，质量检查合格后，即可进行抹水泥砂浆或粘贴陶瓷马赛克、防滑地砖等饰面层。施工时应注意成品保护，不得破坏防水层。

（9）第二次蓄水试验

卫生间装饰工程全部完成后，工程竣工前还要进行第二次蓄水试验，以检验防水层完工后是否被水电或其他装饰工程损坏。蓄水试验合格后，厕浴间的防水施工才算圆满完成。

### （三）氯丁胶乳沥青防水涂料施工

氯丁胶乳沥青防水涂料，根据工程需要，防水层可采用一布四涂、二布六涂或只涂三遍防水涂料三种做法。其用量参考见表 4-5。

表 4-5　氯丁胶乳沥青涂膜防水层用料参考

| 材料 | 三遍涂料 | 一布四涂 | 二布六涂 |
|---|---|---|---|
| 氯丁胶乳沥青防水涂料/（kg·m⁻²） | 1.2~1.5 | 1.5—2.2 | 2.2~2.8 |
| 玻璃纤维布/（m²·m⁻²） | — | 1.13 | 2.25 |

**1. 施工程序**

以一布四涂为例，其施工程序如下：

清理基层→满刮一遍氯丁胶乳沥青水泥腻子→涂刷第一遍涂料→做细部构造增强层→铺贴玻璃纤维布同时涂刷第二遍涂料→涂刷第三遍涂料→涂刷第四遍涂料→蓄水试验→饰面层施工→质量验收→第二次蓄水试验。

**2. 操作要点**

（1）清理基层

将基层上的浮灰、杂物清理干净。

（2）刮氯丁胶乳沥青水泥腻子

在清理干净的基层上，满刮一遍氯丁胶乳沥青水泥腻子。管道根部和转角处要厚刮，并抹平整。腻子的配制方法是：将氯丁胶乳沥青防水涂料倒入水泥中，边倒边搅拌至稠浆状，即可刮涂于基层表面，腻子厚度为 2~3mm。

（3）涂刷第一遍涂料

待上述腻子干燥后，再在基层上满刷一遍氯丁胶乳沥青防水涂料（在大桶中搅拌均匀后再倒入小桶中使用）。操作时涂刷不得过厚，但也不能漏刷，以表面均匀、不流淌、不堆积为宜。立面须刷至设计高度。

（4）做附加增强层

在阴阳角、管道根、地漏、大便器等细部构造处分别做一布二涂附加增强层，即将玻璃纤维布（或无纺布）剪成相应部位的形状，铺贴于上述部位，同时刷氯丁胶乳沥青防水涂料，要贴实、刷平，不得有折皱、翘边现象。

（5）铺贴玻璃纤维布同时涂刷第二遍涂料

待附加增强层干燥后，先将玻璃纤维布剪成相应尺寸，铺贴于第一道涂膜上，然后在上面涂刷防水涂料，使涂料浸透布纹网眼并牢固地粘贴于第一道涂膜上。玻璃纤维布搭接宽度不宜小于 100 mm，并顺流水接槎，从里面往门口铺贴，先做平面后做立面，立面应贴至设计高度，平面与立面的搭接缝留在平面上，距立面边宜大于 200 mm，收口处要压实贴牢。

（6）涂刷第三遍涂料

待上一遍涂料实干后（一般宜在 24 h 以上），再满刷第三遍防水涂料，涂刷要均匀。

（7）涂刷第四遍涂料

上一遍涂料干燥后，可满刷第四遍防水涂料，一布四涂防水层施工即告完成。

（8）蓄水试验

防水层实干后，可进行第一次蓄水试验。蓄水 24 h 无渗漏水为合格。

（9）饰面层施工

蓄水试验合格后，可按设计要求及时粉刷水泥砂浆或铺贴面砖等饰面层。

（10）第二次蓄水试验

方法与目的同聚氨酯防水涂料。

## （四）地面刚性防水层施工

厨房、卫生间做防水层的理想刚性材料是具有微膨胀性能的补偿收缩混凝土和补偿收缩水泥砂浆。

补偿收缩水泥砂浆用于厨房、卫生间的地面防水，对于同一种微膨胀剂，应根据不同的防水部位，选择不同的加入量，可基本上起到不裂、不渗的防水效果。

下面以 U 形混凝土膨胀剂（UEA）为例，介绍其砂浆配制和施工方法。

### 1. 材料及其要求

（1）水泥：42.5 级普通硅酸盐水泥、32.5 级或 42.5 级矿渣硅酸盐水泥。

（2）UEA：符合《混凝土膨胀剂》（GB 23439—2017）的规定。

（3）砂子：中砂，含泥量小于 2%。

（4）水：饮用自来水或洁净非污染水。

### 2. UEA 砂浆的配制

在楼板表面铺抹 UEA 防水砂浆，应按不同的部位，配制含量不同的 UEA 防水砂浆。

### 3. 防水层施工

（1）基层处理

施工前，应对楼面板基层进行清理，除净浮灰杂物，对凹凸不平处用 10%~12%UEA（灰砂比为 1∶3）砂浆补平，并应在基层表面浇水，使基层保持湿润，但不能积水。

（2）铺抹垫层

按 1∶3 水泥砂浆垫层配合比，配制灰砂比为 1∶3 的 UEA 垫层砂浆，将其铺抹在干净、湿润的楼板基层上。铺抹前，按照坐便器的位置，准确地将地脚螺栓预埋在相应的位置上。垫层的厚度为 20~30 mm，必须分 2~3 层铺抹，每层应揉浆、拍打密实，垫层厚度应根据标高而定。在抹压的同时，应完成找坡工作，地面向地漏口找坡为 2%，地漏口周围 50 mm 范围内向地漏中心找坡为 5%，穿楼板管道根部位向地面找坡为 5%，转角墙部位的穿楼板管道向地面找坡为 5%。分层抹压结束后，在垫层表面用钢丝刷拉毛。

（3）铺抹防水层

待垫层强度能达到上人标准时，把地面和墙面清扫干净，并浇水充分湿润，然后铺抹四层防水层，第一层、第三层为 10%UEA 水泥素浆，第二层、第四层为 10%~12%UEA（水泥∶砂=1∶2）水泥砂浆层。铺抹方法如下：

①第一层，先将 UEA 和水泥按 1∶9 的配合比准确称量后，充分搅拌均匀，再按水胶比加水拌和呈稠浆状，然后可用滚刷或毛刷涂抹，厚度为 2~3 mm。

②第二层，灰砂比为 1∶2，UEA 掺量为水泥重量的 10%~12%，一般可取 10%。待第一层素灰初凝后即可铺抹，厚度为 5~6 mm，凝固 20~24 h 后，适当浇水湿润。

③第三层，掺 10%UEA 的水泥素浆层，其拌制要求、涂抹厚度与第一层相同，待其初凝后，即可铺抹第四层。

④第四层，UEA 水泥砂浆的配合比、拌制方法、铺抹厚度均与第二层相同。铺抹时应分次用铁抹子压 5~6 遍，使防水层坚固、密实，最后再用力抹压光滑，经硬化 12~24h，即可浇水养护 3d。

以上四层防水层的施工，应按照垫层的坡度要求找坡，铺抹的操作方法与地下工程防水砂浆施工方法相同。

（4）管道接缝防水处理

待防水层达到强度要求后，拆除捆绑在穿楼板部位的模板条，清理干净缝壁的浮渣、碎物，并按节点防水做法的要求涂布素灰浆和填充管件接缝防水砂浆，最后灌水养护 7 d。蓄水期间，如不发生渗漏现象，可视为合格；如发生渗漏，找出渗漏部位，及时修复。

（5）铺抹 UEA 砂浆保护层

保护层 UEA 的掺量为 10%~12%，灰砂比为 1：（2~2.5），水胶比为 0.4。铺抹前，对要求用膨胀橡胶止水条做防水处理的管道、预埋螺栓的根部及须用密封材料嵌填的部位要及时做防水处理。然后就可分层铺抹厚度为 15~25 mm 的 UEA 水泥砂浆保护层，并按坡度要求找坡，待硬化 12~24 h 后，浇水养护 3d。最后，根据设计要求铺设装饰面层。

（五）施工注意事项

1. 厨房、卫生间施工一定要严格按规范操作，因为一旦发生漏水，维修会很困难。

2. 在厨房、卫生间施工不得抽烟，并要注意通风。

3. 到养护期后一定要做厕浴间闭水试验，如发现渗漏应及时修补。

4. 操作人员应穿软底鞋，严禁踩踏尚未固化的防水层。铺抹水泥砂浆保护层时，脚下应铺设无纺布走道。

5. 防水层施工完毕，应设专人看管保护，并不准在尚未完全固化的涂膜防水层上进行其他工序的施工。

6. 防水层施工完毕，应及时进行验收，及时进行保护层的施工，以减少损坏返修。

7. 在对穿楼板管道和地漏管道进行施工时，应用棉纱或纸团暂时封口，防止杂物落入，堵塞管道，留下排水不畅或泛水的后患。

8. 进行刚性保护层施工时，严禁在涂膜表面拖动施工机具、灰槽，施工人员应穿软底鞋在铺有无纺布的隔离层上行走。铲运砂浆时应精心操作，防止铁锹铲伤涂膜；抹压砂浆时，铁抹子不得下意识地在涂膜防水层上磕碰。

9. 厨房、卫生间大面积防水层也可采用 JS 复合防水涂料、确保时、防水宝、堵漏灵、防水剂等刚性防水材料做防水层，其施工方法必须严格按照生产厂家的说明书及施工指南进行。

## 三、厨房、卫生间渗漏及堵漏措施

厨房、卫生间用水频繁，只要防水处理不当就会发生渗漏。渗漏主要表现在楼板管道滴漏水、地面积水、墙壁潮湿渗水，甚至下层顶板和墙壁也出现滴水等现象。治理卫生间的渗漏，必须先查找渗漏的部位和原因，然后采取有效的针对性措施。

### （一）板面及墙面渗水

#### 1. 渗水原因

板面及墙面渗水的主要原因是由于混凝土、砂浆施工的质量不良，在其表面存在微孔渗漏；板面、隔墙出现轻微裂缝；防水涂层施工质量不好或损坏都可以造成渗水现象。

#### 2. 处理方法

首先，将厨房、卫生间渗漏部位的饰面材料拆除，在渗漏部位涂刷防水涂料进行处理。但拆除厨房、卫生间饰面材料后，发现防水层存在开裂现象时，则应对裂缝先进行增强防水处理，再涂刷防水涂料。其增强处理一般可采用贴缝法、填缝法和填缝加贴缝法。贴缝法主要适用于微小的裂缝，可刷防水涂料并加贴纤维材料或布条，做防水处理。填缝法主要用于较显著的裂缝，施工时要先进行扩缝处理，将缝扩成 15 mm×15 mm 左右的 V 形槽，清理干净后刮填缝材料。填缝加贴缝法除采用填缝处理外，还应在缝的表面再涂刷防水涂料，并粘纤维材料处理。当渗漏不严重时，饰面板拆除困难，也可直接在其表面刮涂透明或彩色聚氨酯防水涂料。

### （二）卫生洁具及穿楼板管道、排水管口等部位渗漏

#### 1. 渗漏原因

卫生洁具及穿楼板管道、排水管口等部位发生渗漏的原因主要是细部处理方法不当，卫生洁具及管口周围填塞不严；管口连接件老化；由于振动及砂浆、混凝土收缩等，出现裂缝；卫生洁具及管口周边未用弹性材料处理，或施工时嵌缝材料及防水涂料黏结不牢；嵌缝材料及防水涂层被拉裂或拉离黏结面。

#### 2. 处理方法

先将漏水部位及周围清理干净，再填塞弹性嵌缝材料，或在渗漏部位涂刷防水涂料并粘贴纤维材料进行增强处理。如渗漏部位在管口连接部位，管口连接件老化现象比较严重，则可直接更换老化管口的连接件。

# 第五章　建筑装饰工程施工

## 第一节　抹灰与饰面工程施工

### 一、抹灰施工

#### （一）一般抹灰施工工艺

##### 1. 抹灰基体的表面处理

为保证抹灰层与基体之间能黏结牢固，不致出现裂缝、空鼓和脱落等现象，抹灰前应将基体表面的灰土、污垢、油渍等清除干净，凹凸明显的部位应先剔平或用水泥砂浆补平，基体表面应具有一定的粗糙度。砖石基体面灰缝应砌成凹缝式，使砂浆能嵌入灰缝内与砖石基体黏结牢固。混凝土基体表面较光滑，应在表面先刷一道水泥浆或喷一道水泥砂浆疙瘩，如果刷一道聚合物水泥浆则效果更好。加气混凝土表面抹灰前应清扫干净，并须刷一道聚合物胶水溶液，然后才可抹灰。板条墙或板条顶棚，各板条之间应预留 8~10 mm 缝隙，以便底层砂浆能压入板缝内接合牢固。当抹灰总厚度为 35 mm 时应采取加强措施。不同材料基体交接处表面的抹灰应采取防开裂的加强措施，当采用加强网时，加强网与各基体的搭接宽度不应小于 100 mm。对于容易开裂的部位，也应先设加强网以防止开裂。门窗框与墙连接处的缝隙应用水泥砂浆嵌塞密实，以防因振动而引起抹灰层剥落、开裂。

##### 2. 设置标筋

为了有效地控制墙面抹灰层的厚度与垂直度，使抹灰面平整，抹灰层涂抹前应设置标筋（又称冲筋），作为底、中层抹灰的依据。

设置标筋时，先用托线板检查墙面的平整垂直度，据以确定抹灰厚度（最薄处不宜小于 7 mm），再在墙两边上角离阴角边 100~200mm 处，按抹灰厚度用砂浆做一个四方形（边长约 50 mm）标准块，称为"灰饼"，然后根据这两个灰饼，用托线板或线坠吊挂垂直，做墙面下角的两个灰饼（高低位置一般在踢脚线上口），随后以上角和下角左右两灰饼面为准拉线，每隔 1.2~1.5m 上下加做若干灰饼。待灰饼稍干后在上下灰饼之间用砂浆抹上一条宽 100 mm 左右的垂直灰埂，此即为标筋，作为抹底层及中层灰的厚度控制和赶平的标准。

顶棚抹灰一般不做灰饼和标筋，而是在靠近顶棚四周的墙面上弹一条水平线以控制抹灰层厚度，并作为抹灰找平的依据。

### 3. 做护角

室内外墙面、柱面和门窗洞口的阳角容易受到碰撞而损坏，故该处应采用 1∶2 水泥砂浆做暗护角，其高度不应低于 2m，每侧宽度不应小于 50mm，待砂浆收水稍干后，用捋角器抹成小圆角。要求抹灰阳角线条清晰、挺直、方正。

### 4. 抹灰层的涂抹

当标筋稍干后，即可进行抹灰层的涂抹。涂抹应分层进行，以免一次涂抹厚度较厚，砂浆内外收缩不一致而导致开裂。一般涂抹水泥砂浆时，每遍厚度以 5~7 mm 为宜；涂抹石灰砂浆和水泥混合砂浆时，每遍厚度以 7~8 mm 为宜。

分层涂抹时，应防止涂抹后一层砂浆时破坏已抹砂浆的内部结构而影响与前一层的黏结，应避免几层湿砂浆合在一起造成收缩率过大，导致抹灰层开裂、空鼓。因此，水泥砂浆和水泥混合砂浆应待前一层抹灰层凝结后，再涂抹后一层；石灰砂浆应待前一层发白（七八成干）后，再涂抹后一层。抹灰用的砂浆应具有良好的工作性（和易性），以便操作。砂浆稠度一般宜控制为底层抹灰砂浆 100~120mm、中层抹灰砂浆 70~80mm。底层砂浆与中层砂浆的配合比应基本相同。中层砂浆强度不能高于底层，底层砂浆强度不能高于基体，以免砂浆在凝结过程中产生较大的收缩应力，破坏强度较低的抹灰底层或基体，导致抹灰层产生裂缝、空鼓或脱落。另外，底层砂浆强度与基体强度相差过大时，由于收缩变形性能相差悬殊也易产生开裂和脱离，故混凝土基体上不能直接抹石灰砂浆。

为使底层砂浆与基体黏结牢固，抹灰前基体一定要浇水湿润，以防止基体过干而吸去砂浆中的水分，使抹灰层产生空鼓或脱落。砖基体一般宜浇水两遍，使砖面渗水深度达 8~10mm。混凝土基体宜在抹灰前 1d 即浇水，使水渗入混凝土表面 2~3 mm。如果各层抹灰相隔时间较长，已抹灰砂浆层较干时，也应浇水湿润，才可抹下一层砂浆。

抹灰层除用手工涂抹外，还可利用机械喷涂。机械喷涂抹灰将砂浆的拌制、运输和喷涂过程有机地衔接起来。

### 5. 罩面压光

室内常用的面层材料有麻刀石灰、纸筋石灰、石膏灰等，应分层涂抹，每遍厚度为 1~2 mm，经赶平压实后，面层总厚度对于麻刀石灰不得大于 3 mm，对于纸筋石灰、石膏灰不得大于 2 mm。罩面时应待底子灰五六成干后进行，如底子灰过干应先浇水湿润。分纵横两遍涂抹，最后用钢抹子压光，不得留抹纹。

室外抹灰常用水泥砂浆罩面。由于面积较大，为了不显接槎，防止抹灰层收缩开裂，一般应设有分格缝，留槎位置应留在分格缝处。由于大面积抹灰罩面抹纹不易压光，在阳光照射下极易显露而影响墙面美观，故水泥砂浆罩面宜用木抹子抹成毛面。为防止色泽不匀，应用同一品种与规格的原材料，由专人配料，采用统一的配合比，底层浇水要均匀，干燥程度基本一致。

### （二）装饰抹灰施工工艺

装饰抹灰施工工艺是采用装饰性强的材料，或用不同的处理方法以及在灰浆中加入各种颜料，使建筑物具备某种特定的色调和光泽。装饰抹灰的底层和中层的做法与一般抹灰要求相同，面层根据材料及施工方法的不同而具有不同的形式。下面介绍几种常用的饰面。

#### 1. 水刷石

水刷石多用于室外墙面的装饰抹灰。对于高层建筑大面积水刷石，为加强底层与混凝土基体的黏结，防止空鼓、开裂，墙面要加钢筋做拉结网。施工时先用 12 mm 厚 1∶3 水泥砂浆打底找平，待底层砂浆终凝后，在其上按设计的分格弹线安装分格木条，用水泥浆在两侧黏结固定，以防大片面层收缩开裂。然后将底层浇水润湿后刮水泥浆（水灰比 0.37~0.40）一道，以增强面层与底层的黏结。随即抹上稠度为 5~7 cm、厚 8~12 mm 的水泥石子浆（水泥∶石子 = 1∶1.25~1∶1.50）面层，拍平压实，使石子密实且分布均匀。当水泥石子浆开始凝固时（以手指按上去无指痕，用刷子刷石子，石子不掉下为准），用刷子从上而下蘸水刷掉石子间表层水泥浆，使石子露出灰浆面 1~2 mm 为度。刷洗时间要严格掌握，刷洗过早或过度，则石子颗粒露出灰浆面过多，容易脱落；刷洗过晚，则灰浆洗不净，石子不显露，饰面浑浊不清晰，影响美观。水刷石的外观质量标准是石粒清晰、分布均匀、紧密平整、色泽一致，不得有掉粒和接槎痕迹。

#### 2. 干粘石

干粘石主要是用于外墙面的装饰抹灰，施工时是在已经硬化的底层水泥砂浆层上按设计要求弹线分格，根据弹线镶嵌分格木条。将底层浇水湿润后，抹上一层 6 mm 厚 1∶2~1∶2.5 水泥砂浆层，随即再抹一层 2 mm 厚 1∶0.5 水泥石灰膏浆黏结层，同时将配有不同颜色或同色的粒径为 4~6 mm 的石子甩粘拍平压实。拍时不得把砂浆拍出来，以免影响美观，要使石子嵌入深度不小于石子粒径的 1/2，持有一定强度后再洒水养护。

上述为手工甩石子，亦可用喷枪将石子均匀有力地喷射于黏结层上，用铁抹子轻轻压一遍，使表面搓平。干粘石的质量要求是石粒黏结牢固、分布均匀、不掉石粒、不露浆、不漏粘、颜色一致。

### 3. 斩假石（剁斧石）

斩假石又称剁斧石，是仿制天然石料的一种饰面，用不同的骨料或掺入不同的颜料，可以仿制成仿花岗石、玄武石、青条石等。施工时先用 1:2~1:2.5 水泥砂浆打底，待 24 h 后浇水养护，硬化后在表面洒水湿润，刮素水泥浆一道，随即用 1:1.25 水泥石子浆（内掺 30% 石屑）罩面，厚为 10 mm；抹完后要注意防止日晒或冰冻，并养护 2~3 d（强度达 60%~70%）即可试剁，如石子颗粒不发生脱落便可正式加工斩假石。加工时用剁斧将面层斩毛，剁的方向要一致，剁纹深浅要均匀，一般两遍成活，分格缝周边、墙角、柱子的棱角周边留 15~20 mm 不剁，即可做出似用石料砌成的装饰面。

### 4. 拉毛灰和洒毛灰

拉毛灰是将底层用水湿透，抹上 1:（0.05~0.3）:（0.5~1）水泥石灰罩面砂浆，随即用硬棕刷或铁抹子进行拉毛。棕刷拉毛时，用刷蘸砂浆往墙上连续垂直拍拉，拉出毛头。铁抹子拉毛时，则不蘸砂浆，只用抹子黏结在墙面随即抽回，要做到拉得快慢一致、均匀整齐、色泽一致、不露底，在一个平面上要一次成活，避免中断留槎。

洒毛灰（又称撒云片）是用茅草小帚蘸 1:1 水泥砂浆或 1:1:4 水泥石灰砂浆，由上往下洒在湿润的底层上，洒出的云朵须错乱多变、大小相称、空隙均匀，形成大小不一而有规律的毛面。亦可在未干的底层上刷上颜色，再不均匀地撒上罩面灰，并用抹子轻轻压平，使其部分地露出带色的底子灰，使洒出的云朵具有浮动感。

### 5. 喷涂饰面

喷涂饰面工艺是用挤压式灰浆泵或喷斗将聚合物水泥砂浆经喷枪均匀喷涂在墙面底层上。这种砂浆由于掺入聚合物乳液因而具有良好的和易性及抗冻性，能提高装饰面层的表面强度与黏结强度。根据涂料的稠度和喷射压力的大小，以质感区分，可喷成砂浆饱满、呈波纹状的波面喷涂和表面布满点状颗粒的粒状喷涂。底层为 10~13 mm 厚 1:3 水泥砂浆，喷涂前须喷或刷一道胶水溶液（108 胶:水 = 1:3），使基层吸水率趋近于一致，并确保与喷涂层黏结牢固。喷涂层厚 3~4 mm，粒状喷涂应连续三遍完成；波面喷涂必须连续操作，喷至全部泛出水泥浆但又不至流淌为好。在大面喷涂后，按分格位置用铁皮刮子沿靠尺刮出分格缝。喷涂层凝固后再喷罩一层有机硅疏水剂。质量要求表面平整、颜色一致、花纹均匀、不显接槎。

### 6. 滚涂饰面

滚涂饰面是将带颜色的聚合物砂浆均匀涂抹在底层上，随即用平面或带有拉毛、刻有花纹的橡胶、泡沫塑料滚子，滚出所需的图案和花纹。其分层施工步骤如下：

（1）10~13 mm 厚水泥砂浆打底，木抹搓平。

（2）粘贴分格条（施工前在分格处先刮一层聚合物水泥浆，滚涂前将涂有聚合物胶水溶液的电工胶布贴上，等饰面砂浆收水后揭下胶布）。

（3）3 mm 厚色浆罩面，随抹随用辊子滚出各种花纹。

（4）待面层干燥后，喷涂有机硅水溶液。

滚涂砂浆的配合比为水泥∶骨料（砂子、石屑或珍珠岩）＝ 1∶0.5~1∶1，再掺入占水泥量20%的108胶和0.3%的木钙减水剂。手工操作滚涂分干滚、湿滚两种。干滚时滚子不蘸水，滚出的花纹较大，工效较高；湿滚时滚子反复蘸水，滚出花纹较小。滚涂工效比喷涂低，但便于小面积局部应用。滚涂应一次成活，多次滚涂易产生翻砂现象。

### 7. 弹涂饰面

弹涂饰面是用电动弹力器分几遍将不同色彩的聚合物水泥色浆弹到墙面上，形成1~3 mm的圆状色点。由于色浆一般由2~3种颜色组成，不同色点在墙面上相互交错、相互衬托，犹如水刷石、干粘石，亦可做成单色光面、细麻面、小拉毛拍平等多种形式。这种工艺可在墙面上做底灰，再做弹涂饰面，也可直接弹涂在基层平整的混凝土板、加气板、石膏板、水泥石棉板等板材上。弹涂器有手动和电动两种，后者工效高，适合大面积施工。

弹涂的做法是在1∶3水泥砂浆打底的底层砂浆面上，洒水润湿，待干至60%~70%时进行弹涂。先喷刷底色浆一道，弹分格线，贴分格条，弹头道色点，待稍干后即弹两道色点，最后进行个别修弹，再进行喷射树脂罩面层。

## 二、饰面板与饰面砖施工

饰面工程是在墙柱表面镶贴或安装具有保护和装饰功能的块料而形成的饰面层。块料的种类可分为饰面板和饰面砖两大类。饰面板有石材饰面板（包括天然石材和人造石材）、金属饰面板、塑料饰面板、镜面玻璃饰面板等；饰面砖有釉面瓷砖、外墙面砖、陶瓷锦砖和玻璃马赛克等。

### （一）饰面板施工

#### 1. 大理石、磨光花岗石、预制水磨石饰面施工

（1）薄型小规格块材粘贴

薄型小规格块材（边长小于400 mm、厚度10 mm以下）工艺流程：基层处理→吊垂

直、套方、找规矩、贴灰饼→抹底层砂浆→弹线分格→排块材→浸块材→镶贴块材→表面勾缝与擦缝。

①基层处理和吊垂直、套方、找规矩，操作方法同镶贴面砖的施工方法。需要注意同一墙面不得有一排以上的非整砖，并应将其镶贴在较隐蔽的部位。

②在基层湿润的情况下，先刷108胶素水泥浆一道（内掺水重10%的108胶），随刷随打底；底灰采用1：3水泥砂浆，厚度约12 mm，分两遍操作，第一遍约5 mm，第二遍约7 mm，待底灰压实刮平后，将底子灰表面划毛。

③待底子灰凝固后便可进行分块弹线，随即将已湿润的块材抹上厚度为2~3 mm的素水泥浆，内掺水重20%的108胶进行镶贴（也可以用胶粉），用木槌轻敲，用靠尺找平找直。

（2）大规格块材安装

大规格块材（边长大于400 mm）工艺流程：施工准备（钻孔、剔槽）→穿铜丝或镀锌铁丝与块材固定→绑扎、固定钢筋网→吊垂直、找规矩弹线→安装大理石、磨光花岗石或预制水磨石→分层灌浆→擦缝。

①钻孔、剔槽

安装前先将饰面板按照设计要求用台钻打眼，事先应钉木架使钻头直对板材上端面，在每块板的上、下两个面打眼，孔位打在距板宽的两端1/4处，每个面各打两个眼，孔径5 mm，深为12 mm，孔位距石板背面以8 mm为宜（指钻孔中心）。如大理石或预制水磨石、磨光花岗石，板材宽度较大时，可以增加孔数。钻孔后用钢錾子把石板背面的孔壁轻轻剔一道槽，深约5 mm，连同孔洞形成象鼻眼，以备埋卧铜丝用。

若饰面板规格较大，特别是预制水磨石和磨光花岗石板，如下端不好拴绑镀锌铁丝或铜丝时，亦可在未镶贴饰面板的一侧，采用手提轻便小薄砂轮（4~5 mm），按规定在板高的1/4处上、下各开一槽（槽长3~4 mm，槽深约12 mm，与饰面板背面打通，竖槽一般居中，亦可偏外，但以不损坏外饰面和不反碱为宜），可将镀锌铁丝或铜丝卧入槽内，便可拴绑与钢筋网固定。

②穿钢丝或镀锌铁丝

把备好的铜丝或镀锌铁丝剪成长约20 cm，一端用木楔粘环氧树脂将铜丝或镀锌铁丝进孔内固定牢固，另一端将铜丝或镀锌铁丝顺孔槽弯曲并卧入槽内，使大理石或预制水磨石、磨光花岗石板上下端面没有铜丝或镀锌铁丝凸出，以便和相邻石板接缝严密。

③绑扎钢筋网

首先剔出墙上的预埋筋，把墙面镶贴大理石或预制水磨石的部位清扫干净。先绑扎一道竖向Φ6钢筋，并把绑好的竖筋用预埋筋弯压于墙面。横向钢筋用于绑扎大理石或预制水磨石、磨光花岗石板材，如板材高度为 60 cm 时，第一道横筋在地面以上 10 cm 处与主筋绑牢，用作绑扎第一层板材的下口固定铜丝或镀锌铁丝；第二道横筋绑在 50 cm 水平线上 7~8 cm，比石板上口低 2~3 cm 处，用于绑扎第一层石板上口固定铜丝或镀锌铁丝，再往上每 60 cm 绑一道横筋即可。

④弹线

首先将大理石或预制水磨石、磨光花岗石的墙面、柱面和门窗套用大线坠从上至下找垂直（高层应用经纬仪找垂直）。应考虑大理石或预制水磨石、磨光花岗石板材厚度、灌注砂浆的空隙和钢筋网所占尺寸，一般大理石或预制水磨石、磨光花岗石外皮距结构面的厚度应以 5~7 cm 为宜。找垂直后，在地面上顺墙弹出大理石或预制水磨石板等外轮廓尺寸线（柱面和门窗套等同），此线即为第一层大理石或预制水磨石等的安装基准线。编好号的大理石或预制水磨石板等在弹好的基准线上画出就位线，每块留 1 mm 缝隙（如设计要求拉开缝，则按设计规定留出缝隙）。

⑤安装大理石或预制水磨石、磨光花岗石

按安装部位取石板并理直铜丝或镀锌铁丝，将石板就位，石板上口外仰，右手伸入石板背面，把石板下口铜丝或镀锌铁丝绑扎在横筋上。绑时不要太紧可留余量，只要把铜丝或镀锌铁丝和横筋拴牢即可（灌浆后即可锚固），把石板竖起，便可绑大理石或预制水磨石、磨光花岗石板上口铜丝或镀锌铁丝，并用木楔子垫稳，块材与基层间的缝隙（灌浆厚度）一般为 30~50 mm。用靠尺板检查调整木楔，再拴紧铜丝或镀锌铁丝，依次向另一方进行。柱面可按顺时针方向安装，一般先从正面开始。第一层安装完毕再用靠尺板找垂直，水平尺找平整，方尺找阴阳角方正，在安装石板时如出现石板规格不准确或石板之间的空隙不符，应用铅皮垫牢，使石板之间缝隙均匀一致，并保持第一层石板上口的平直。找完垂直、平整、方正后，用碗调制熟石膏，把调成粥状的石膏贴在大理石或预制水磨石、磨光花岗石板上下之间，使这两层石板结成一整体，木楔处亦可粘贴石膏，再用靠尺板检查有无变形，等石膏硬化后方可灌浆（如设计有嵌缝塑料软管者，应在灌浆前塞放好）。

⑥灌浆

把配合比为 1∶2.5 水泥砂浆放入半截大桶加水调成粥状（稠度一般为 8~12 cm），用铁簸箕舀浆徐徐倒入，注意不要碰大理石或预制水磨石板，边灌边用橡皮锤轻轻敲击石板面，使灌入砂浆排气。第一层灌浆很重要，因为要锚固石板的下口铜丝又要固定石板，所以要轻轻操作，防止碰撞和猛灌。如发生石板外移错动，应立即拆除重新安装。第一层浇灌高度为 15 cm，后停 1~2 h，等砂浆初凝，此时应检查是否有移动，再进行第二层灌浆（灌浆高度一般为 20~30 cm），待初凝后再继续灌浆。第三层灌浆至低于板上口 5~10 cm 处为止。

⑦擦缝

全部石板安装完毕后，清除所有石膏和余浆痕迹，用抹布擦洗干净，并按石板颜色调制色浆嵌缝，边嵌边擦干净，使缝隙密实、均匀、干净、颜色一致。

⑧柱子贴面

安装柱面大理石或预制水磨石、磨光花岗石，其弹线、钻孔、绑钢筋和安装等工序与镶贴墙面方法相同，要注意灌浆前用木方子钉成槽形木卡子，双面卡住大理石板或预制水磨石板，以防止灌浆时大理石或预制水磨石、磨光花岗石板外胀。

夏季安装室外大理石或预制水磨石、磨光花岗石时，应有防止暴晒的可靠措施。

**2. 大理石、花岗石干挂施工**

干挂法的操作工艺包括选材、钻孔、基层处理、弹线、板材铺贴和固定五道工序。除钻孔和板材固定工序外，其余做法均同前。

（1）钻孔

由于相邻板材是用不锈销钉连接的，因此，钻孔位置一定要准确，以便使板材之间的连接水平一致、上下平齐。钻孔前应在板材侧面按要求定位后，用电钻钻成直径为 5 mm、孔深 12~15 mm 的圆孔，然后将直径为 5 mm 的销钉插入孔内。

（2）板材固定

用膨胀螺钉将固定和支撑板块的连接件固定在墙上。连接件是根据墙面与板块销孔的距离，用不锈钢加工成"L"形。为便于安装板块时调整销孔和膨胀螺栓的位置，在 L 形连接件上留槽形孔眼，待板块调整到正确位置时，随即拧紧膨胀螺钉螺帽进行固结，并用环氧树脂胶将销钉固定。

**3. 金属饰面板施工**

金属饰面板一般采用铝合金板、彩色压型钢板和不锈钢钢板，用于内外墙面、屋面、顶棚等。亦可与玻璃幕墙或大玻璃窗配套应用，以及在建筑物四周的转角部位、玻璃幕墙的伸缩缝、水平部位的压顶等配套应用。

（1）吊直、套方、找规矩、弹线

根据设计图样的要求和几何尺寸，对镶贴金属饰面板的墙面进行吊直、套方、找规矩并依次实测和弹线，确定饰面墙板的尺寸和数量。

（2）固定骨架的连接件

骨架的横竖杆件是通过连接件与结构固定的。连接件与结构间的固定可以与结构的预埋件焊接，也可以在墙上打膨胀螺栓进行固定（须在螺栓位置画线并按线开孔）。因后一种方法比较灵活，容易保证位置的准确性，因而实际施工中采用得较多。

（3）固定骨架

骨架应预先进行防腐处理。安装骨架位置要准确，接合要牢固。安装后应全面检查中心线、表面标高等。对高层建筑外墙，为保证饰面板的安装精度，宜用经纬仪对横竖杆件进行贯通。变形缝、沉降缝等应妥善处理。

（4）金属饰面板安装

墙板的安装顺序是从每面墙的竖向第一排下部第一块板开始，自下而上安装。安装完该面墙的第一排，再安装第二排。每安装铺设 10 排墙板后，应吊线检查一次，以便及时消除误差。为保证墙面外观质量，螺栓位置必须准确，并采用单面施工的钩形螺栓固定，使螺栓的位置横平竖直。固定金属饰面板的方法常用的主要有两种：一种是将板条或方板用螺丝拧到型钢或木架上，这种方法耐久性较好，多用于外墙；另一种是将板条卡在特制的龙骨上，此法多用于室内。

板与板之间的缝隙一般为 10~20 mm，多用橡胶条或密封垫弹性材料处理。饰面板安装完毕，应注意在易于被污染的部位用塑料薄膜覆盖保护，易被划、碰的部位应设安全栏杆保护。

（5）收口构造

水平部位的压顶、端部的收口、伸缩缝的处理、两种不同材料的交接处理等，不仅关系到装饰效果，而且对使用功能也有较大影响。因此，一般多用特制的两种材质性能相似的成形金属板进行妥善处理。

构造比较简单的转角处理方法，大多是用一条较厚的（1.5 mm）直角形金属板，与外墙板用螺栓连接固定牢固。

窗台、女儿墙的上部，均属于水平部位的压顶处理，即用铝合金板盖住，使之能阻挡风雨浸透。水平桥的固定，一般先在基层焊上钢骨架，然后用螺栓将盖板固定在骨架上。盖板之间的连接采取搭接的方法（高处压低处，搭接宽度符合设计要求，并用胶密封）。

墙面边缘部位的收口处理，用颜色相似的铝合金成形板将墙板端部及龙骨部位封住。

墙面下端的收口处，用一条特制的披水板，将板的下端封住，同时将板与墙之间的缝隙盖住，防止雨水渗入室内。

伸缩缝、沉降缝的处理，首先要适应建筑物伸缩、沉降的需要，同时也应考虑装饰效果。此外，此部位也是防水的薄弱环节，其构造节点应周密考虑，一般可用氯丁橡胶带连接、密封。

墙板的内、外包角及钢窗周围的泛水板等须在现场加工的异形件，应参考图样，对安装好的墙面进行实测套足尺，确定其形状尺寸，使其加工准确、便于安装。

### （二）饰面砖施工

外墙面砖施工工艺流程：基层处理→吊垂直、套方、找规矩→贴灰饼→抹底层砂浆→弹线分格→排砖→浸砖→镶贴面砖→面砖勾缝与擦缝。

**1. 基层为混凝土墙面时施工工艺**

（1）基层处理

首先将凸出墙面的混凝土剔平，对大钢模施工的混凝土墙面应凿毛，并用钢丝刷全面刷一遍，再浇水湿润。如果基层混凝土表面很光滑，亦可采取"毛化处理"办法，即先将表面尘土、污垢清扫干净，用10%火碱水将板面油污刷掉，随之用净水将碱液冲净、晾干，然后用1∶1水泥细砂浆内掺水重20%的108胶，喷或用扫帚将砂浆甩到墙上，甩点要均匀，终凝后浇水养护，直至水泥砂浆疙瘩全部粘到混凝土光面上，并有较高的强度（用手掰不动）为止。

（2）吊垂直、套方、找规矩、贴灰饼

若建筑物为高层时，应在四大角和门窗口边用经纬仪打垂直线找直；如果建筑物为多层时，可从顶层开始用特制的大线坠绷铁丝吊垂直，然后根据面砖的规格尺寸分层设点、做灰饼。横线则以楼层为水平基准线交圈控制，竖向线则以四周大角和通天柱或垛子为基准线控制，应全部是整砖。每层打底时则以此灰饼作为基准点进行冲筋，使其底层灰做到横平竖直。同时要注意找好凸出檐口、腰线、窗台、雨篷等饰面的流水坡度和滴水线（槽）。

（3）抹底层砂浆

先刷一道掺水重10%的108胶水泥素浆，随即分层分遍抹底层砂浆（常温时采用配合比为1∶3水泥砂浆），第一遍厚度约为5 mm，抹后用木抹子搓平，隔天浇水养护；待第一遍六七成干时，即可抹第二遍，厚度8~12 mm，随即用木杠刮平、木抹子搓毛，隔天浇水养护。若需要抹第三遍时，其操作方法同第二遍，直至把底层砂浆抹平为止。

（4）弹线分格

待基层灰六七成干时，即可按图样要求进行分段分格弹线，同时亦可进行面层贴标准点的工作，以控制面层出墙尺寸及垂直、平整。

（5）排砖

根据大样图及墙面尺寸进行横竖向排砖，以保证面砖缝隙均匀，符合设计图样要求，注意大墙面、通天柱子和垛子要排整砖，以及在同一墙面上的横竖排列均不得有一行以上的非整砖。非整砖行应排在次要部位，如窗间墙或阴角处等，但亦要注意一致和对称。如遇有凸出的卡件，应用整砖套割吻合，不得用非整砖随意拼凑镶贴。

（6）浸砖

外墙面砖镶贴前，首先要将面砖清扫干净，放入净水中浸泡 2h 以上，取出待表面晾干或擦干净后方可使用。

（7）镶贴面砖

镶贴应自上而下进行。高层建筑采取措施后，可分段进行。在每一分段或分块内的面砖，均为自下而上镶贴。从最下一层砖下皮的位置线先稳好靠尺，以此托住第一皮面砖。在面砖外皮上口拉水平通线，作为镶贴的标准。

在面砖背面可采用 1：2 水泥砂浆或 1：0.2：2＝水泥：白灰膏：砂的混合砂浆镶贴，砂浆厚度为 6~10 mm，贴砖后用灰铲柄轻轻敲打，使之附线，再用钢片开刀调整竖缝，并用小杠通过标准点调整平面和垂直度。

另外一种做法是：用 1：1 水泥砂浆加水重 20％ 的 108 胶，在砖背面抹 3~4 mm 厚粘贴即可。但此种做法其基层灰必须抹得平整，而且砂子必须用窗纱筛后使用。

另外也可用胶粉来粘贴面砖，其厚度为 2~3 mm，用此种做法其基层灰必须更平整。

如要求面砖拉缝镶贴时，面砖之间的水平缝宽度用米厘条控制。米厘条贴砖用砂浆与中层灰临时镶贴，贴在已镶贴好的面砖上口，为保证其平整，可临时加垫小木楔。

女儿墙压顶、窗台、腰线等部位，平面也要镶贴面砖时，除流水坡度符合设计要求外，应采取平面面砖压立面面砖的做法，预防向内渗水，引起空裂；同时还应采取立面中最低一排面砖必须压底平面面砖，并低出底平面面砖 3~5 mm 的做法，让其起滴水线（槽）的作用，防止尿檐而引起空鼓开裂。

（8）面砖勾缝与擦缝

面砖铺贴拉缝时，用 1：1 水泥砂浆勾缝，先勾水平缝再勾竖缝，勾好后要求凹进面砖外表面 2~3 mm。若横竖缝为干挤缝，或小于 3 mm 者，应用白水泥配颜料进行擦缝处理。面砖缝勾完后，用布或棉丝蘸稀盐酸擦洗干净。

**2. 基层为砖墙面时施工工艺**

（1）抹灰前，墙面必须清扫干净，浇水湿润。

（2）大墙面和四角、门窗口边弹线找规矩，必须由顶层到底一次进行，弹出垂直线，并确定面砖出墙尺寸，分层设点、做灰饼。横线则以楼层为水平基线交圈控制，竖向线则以四周大角和通天垛、柱子为基准线控制。每层打底时则以此次饼作为基准点进行冲筋，使其底层灰做到横平竖直。同时要注意找好凸出檐口、腰线、窗台、雨篷等饰面的流水坡度。

（3）抹底层砂浆：先把墙面浇水湿润，然后用 1：3 水泥砂浆刮一道（约 6 mm 厚），紧跟着用同强度等级的灰与所冲的筋抹平，随即用木杠刮平，木抹搓毛，隔天浇水养护。

其他同基层为混凝土墙面做法。

### 3. 基层为加气混凝土墙面时施工工艺

用水湿润加气混凝土表面，在缺棱掉角处刷聚合物水泥浆一道，用 1∶3∶9 混合砂浆分层补平，待干燥后，钉金属网一层并绷紧。在金属网上分层抹 1∶1∶6 混合砂浆打底（最好采取机械喷射工艺），砂浆与金属网应接合牢固，最后用木抹子轻轻搓平，隔天浇水养护。

其他同基层为混凝土墙面做法。

# 第二节 楼地面、吊顶与轻质隔墙工程施工

## 一、楼地面施工

### （一）整体面层施工

#### 1. 水泥砂浆地面施工

水泥砂浆地面施工工艺流程：基层处理→找标高、弹线→洒水湿润→抹灰饼和标筋→搅拌砂浆→刷水泥浆接合层→铺水泥砂浆面层→木抹子搓平→铁抹子压第一遍→第二遍压光→第三遍压光→养护。施工工艺如下：

（1）基层处理：先将基层上的灰尘扫掉，用钢丝刷和錾子刷净、剔掉灰浆皮和灰渣层，用 10% 的火碱水溶液刷掉基层上的油污，并用清水及时将碱液冲净。

（2）找标高弹线：根据墙上的 +50 cm 水平线，往下量测出面层标高，并弹在墙上。

（3）洒水湿润：用喷壶将地面基层均匀洒水一遍。

（4）抹灰饼和标筋（或称冲筋）：根据房间内四周墙上弹的面层标高水平线，确定面层抹灰厚度（不应小于 20 mm），然后拉水平线开始抹灰饼（5cm×5 cm），横竖间距为 1.5~2.0 m，灰饼上平面即为地面面层标高。

如果房间较大，为保证整体面层平整，还须抹标筋（或称冲筋），将水泥砂浆铺在灰饼之间，宽度与灰饼宽相同，用木抹子拍抹成与灰饼上表面相平一致。铺抹灰饼和标筋的砂浆材料配合比均与抹地面的砂浆相同。

（5）搅拌砂浆：水泥砂浆的体积比宜为 1∶2（水泥∶砂），其稠度不应大于 35 mm，

强度等级不应小于 M15。为了控制加水量，应使用搅拌机搅拌均匀，颜色一致。

（6）刷水泥浆结合层：在铺设水泥砂浆之前，应涂刷水泥浆一层，其水灰比为 0.4~0.5（涂刷之前要将抹灰饼的余灰清扫干净再洒水湿润），涂刷面积不宜过大，随刷随铺面层砂浆。

（7）铺水泥砂浆面层：涂刷水泥浆之后紧跟着铺水泥砂浆，在灰饼之间（或标筋之间）将砂浆铺均匀，然后用木刮杠按灰饼（或标筋）高度刮平，铺砂浆时如果灰饼（或标筋）已硬化，木刮杠刮平后，将利用过的灰饼（或标筋）敲掉，并用砂浆填平。

（8）木抹子搓平：木刮杠刮平后，立即用木抹子搓平，从内向外退着操作，并随时用 2 m 靠尺检查其平整度。

（9）铁抹子压第一遍：木抹子抹平后，立即用铁抹子压第一遍，直到出浆为止，如果砂浆过稀表面有泌水现象，可均匀撒一遍干水泥和砂（1:1）的拌和料（砂子要过 3 mm 筛），再用木抹子用力抹压，使干拌料与砂浆紧密接合为一体，吸水后用铁抹子压平。如有分格要求的地面，在面层上弹分格线，用劈缝溜子开缝，再用溜子将分缝内压至平、直、光。上述操作均在水泥砂浆初凝之前完成。

（10）第二遍压光：面层砂浆初凝后，人踩上去有脚印但不下陷时，用铁抹子压第二遍，边抹压边把坑凹处填平，要求不漏压，表面压平、压光。有分格的地面压过后，应用溜子溜压，做到缝边光直、缝隙清晰、缝内光滑顺直。

（11）第三遍压光：在水泥砂浆终凝前进行第三遍压光（人踩上去稍有脚印），铁抹子抹上去不再有抹纹时，用铁抹子把第二遍抹压时留下的全部抹纹压平、压实、压光（必须在终凝前完成）。

（12）养护：地面压光完工后 24h，铺锯末或其他材料覆盖洒水养护，保持湿润，养护时间不少于 7d，当抗压强度达 5MPa 时才能上人。

**2. 水磨石地面施工**

水磨石地面施工工艺流程：基层处理→找标高、弹水平线→铺抹找平层砂浆→养护→弹分格线→镶分格条→拌制水磨石拌和料→涂刷水泥浆接合层→铺水磨石拌和料→滚压、抹平→试磨→粗磨→细磨→磨光→草酸清洗→打蜡上光。施工工艺如下：

（1）基层处理

将混凝土基层上的杂物清净，不得有油污、浮土。用钢錾子和钢丝刷将沾在基层上的水泥浆皮錾掉铲净。

（2）找标高、弹水平线

根据墙面上的+50 cm 标高线，往下量测出水磨石面层的标高，弹在四周墙上，并考虑其他房间和通道面层的标高要相互一致。

（3）抹找平层砂浆

①根据墙上弹出的水平线，留出面层厚度（10~15 mm 厚），抹 1：3 水泥砂浆找平层。为了保证找平层的平整度，先抹灰饼（纵横方向间距 1.5 m 左右），大小为 8~10 cm。

②灰饼砂浆硬结后，以灰饼高度为标准，抹宽度为 8~10 cm 的纵横标筋。

③在基层上洒水湿润，刷一道水灰比为 0.4~0.5 的水泥浆，面积不得过大，随刷浆随铺抹 1：3 找平层砂浆，并用 2 m 长刮杠以标筋为标准进行刮平，再用木抹子搓平。

（4）养护

抹好找平层砂浆后养护 24 h，待抗压强度达到 1.2MPa 方可进行下道工序施工。

（5）弹分格线

根据设计要求的分格尺寸（一般采用 1 m×1 m），在房间中部弹十字线，计算好周边的镶边宽度后，以十字线为准可弹分格线。如果设计有图案要求，应按设计要求弹出清晰的线条。

（6）镶分格条

用小铁抹子抹稠水泥浆，将分格条固定住（分格条安在分格线上），抹成 30°八字形，高度应低于分格条条顶 3 mm，分格条应平直（上平必须一致）、牢固、接头严密，不得有缝隙，作为铺设面层的标志。另外，在粘贴分格条时，在分格条十字交叉接头处，为了使拌和料填塞饱满，在距交点 40~50 mm 内不抹素水泥浆。

当分格采用铜条时，应预先在两端头下部 1/3 处打眼，穿入 22 号铁丝，锚固于下口八字角水泥浆内。镶条 12h 后开始浇水养护，最少 2 d，一般洒水养护 3~4 d，在此期间房间应封闭，禁止各工序进行。

（7）拌制水磨石拌和料（或称石碴浆）

①拌和料的体积比宜采用 1：1.5~1：2.5（水泥：石粒），要求配合比准确、拌和均匀。

②使用彩色水磨石拌和料，除彩色石粒外，还加入耐光耐碱的矿物颜料，其掺入量为水泥质量的 3%~6%。普通水泥与颜料配合比、彩色石子与普通石子配合比，在施工前都须经实验室试验后确定。同一彩色水磨石面层应使用同厂、同批颜料。在拌制前应根据整个地面所需的用量，将水泥和所需颜料一次统一配好、配足。配料时不仅用铁铲拌和，还要用筛子筛匀后，用包装袋装起来存放在干燥的室内，避免受潮。彩色石粒与普通石粒拌和均匀后，集中储存待用。

③各种拌和料在使用前应加水拌和均匀，稠度约 6 cm。

（8）涂刷水泥浆接合层

先用清水将找平层洒水湿润，涂刷与面层颜色相同的水泥浆接合层，其水灰比宜为0.4~0.5，要刷均匀，亦可在水泥浆内掺加胶黏剂，要随刷随铺拌和料，不得刷的面积过大，防止浆层风干导致面层空鼓。

（9）铺设水磨石拌和料

①水磨石拌和料的面层厚度，除有特殊要求的以外，宜为12~18 mm，并应按石料粒径确定。铺设时将搅拌均匀的拌和料先铺抹分格条边，后铺入分格条方框中间，用铁抹子由中间向边角推进，在分格条两边及交角处特别注意压实抹平，随抹随用直尺进行平整度检查。如局部地面铺设过高时，应用铁抹子将其挖去一部分，再将周围的水泥石子浆拍挤抹平（不得用刮杠刮平）。

②几种颜色的水磨石拌和料不可同时铺抹，要先铺抹深色的，后铺抹浅色的，待前一种凝固后再铺后一种（因为深颜色的掺矿物颜料多，强度增长慢，影响机磨效果）。

（10）滚压、抹平

用滚筒滚压前，先用铁抹子或木抹子在分格条两边宽约10 cm范围内轻轻拍实（避免将分格条挤移位）。滚压时用力要均匀（要随时清掉粘在滚筒上的石碴），应从横竖两个方向轮换进行，达到表面平整密实、出浆石粒均匀为止。待石粒浆稍收水后，再用铁抹子将浆抹平、压实，如发现石粒不均匀之处，应补石粒浆再用铁抹子拍平、压实，24 h后浇水养护。

（11）试磨

一般根据气温情况确定养护天数，温度在20~30℃时2~3 d即可开始机磨，过早开磨石粒易松动，过迟则造成磨光困难。所以须试磨，以面层不掉石粒为准。

（12）粗磨

第一遍用60~90号金刚石磨，使磨石机机头在地面上走横"8"字形，边磨边加水（如磨石面层养护时间太长，可加细砂，加快机磨速度），随时清扫水泥浆，并用靠尺检查平整度，直至表面磨平、磨匀，分格条和石粒全部露出（边角处用人工磨成同样效果），用水清洗晾干，然后用较浓的水泥浆（如掺有颜料的面层，应用同样掺有颜料配合比的水泥浆）擦一遍，特别是面层的洞眼小，孔隙要填实抹平，脱落的石粒应补齐，浇水养护2~3d。

（13）细磨

第二遍用90~120号金刚石磨，要求磨至表面光滑为止。然后用清水冲净，满擦第二遍水泥浆，注意小孔隙要细致擦严密，然后养护2~3d。

（14）磨光

第三遍用 200 号细金刚石磨，磨至表面石子显露均匀，无缺石粒现象，平整、光滑，无孔隙为度。普通水磨石面层磨光遍数不应少于三遍，高级水磨石面层的厚度和磨光遍数及油石规格应根据设计确定。

（15）草酸擦洗

为取得打蜡后显著的效果，在打蜡前磨石面层要进行一次适量限度的酸洗，一般均用草酸进行擦洗，使用时，将 10% 草酸溶液用扫帚蘸后洒在地面上，再用油石轻轻磨一遍，磨出水泥及石粒本色，再用水冲洗，软布擦干。此道操作必须在各工种完工后才能进行，经酸洗后的面层不得再受污染。

（16）打蜡上光

将蜡包在薄布内，在面层上薄薄涂一层，待干后用钉有帆布或麻布的木块代替油石，装在磨石机上研磨，用同样方法再打第二遍蜡，直到光滑洁亮为止。

## （二）板块面层施工

大理石、花岗石地面施工工艺流程：准备工作→试拼→弹线→试排→刷水泥浆及铺砂浆结合层→铺大理石板块（或花岗石板块）→灌缝、擦缝→打蜡。其施工工艺如下：

### 1. 准备工作

（1）以施工大样图和加工单为依据，熟悉了解各部位尺寸和做法，弄清洞口、边角等部位之间的关系。

（2）基层处理。将地面垫层上的杂物清理干净，用钢丝刷刷掉黏结在垫层上的砂浆，并清扫干净。

### 2. 试拼

在正式铺设前，对每一房间的板块，应按图案、颜色、纹理试拼，将非整块板对称排放在房门靠墙部位，试拼后按两个方向编号排列，然后按编号码放整齐。

### 3. 弹线

为了检查和控制板块的位置，在房间内拉十字控制线，弹在混凝土垫层上，并引至墙面底部，然后依据墙面 +50cm 标高线找出面层标高，在墙上弹出水平标高线，弹水平线时要注意室内与楼道面层标高一致。

### 4. 试排

在房间内的两个相互垂直的方向铺两条干砂带，其宽度大于板块宽度，厚度不小于 3 cm，结合施工大样图及房间实际尺寸把板块排好，以便检查板块之间的缝隙，核对板块与墙面、柱、洞口等部位的相对位置。

### 5. 刷水泥素浆及铺砂浆接合层

试铺后将干砂和板块移开，清扫干净，用喷壶洒水湿润，刷一层素水泥浆（水灰比为0.4~0.5，刷得面积不要过大，随铺砂浆随刷）。根据板面水平线确定结合层砂浆厚度，拉十字控制线，开始铺接合层干硬性水泥砂浆（一般采用1:2~1:3的干硬性水泥砂浆，干硬程度以手捏成团、落地即散为宜），厚度控制在放板块时宜高出面层水平线3~4 mm。铺好后用大杠刮平，再用抹子拍实找平（铺摊面积不得过大）。

### 6. 铺砌板块

（1）板块应先用水浸湿，待擦干或表面晾干后方可铺设。

（2）根据房间拉的十字控制线，纵横各铺一行，作为大面积铺砌标筋用。依据试拼时的编号、图案及试排时的缝隙（板块之间的缝隙宽度，当设计无规定时不应大于1 mm），在十字控制线交点开始铺砌。先试铺，即搬起板块对好纵横控制线铺在已铺好的干硬性砂浆结合层上，用橡皮锤敲击木垫板（不得用橡皮锤或木槌直接敲击板块），振实砂浆至铺设高度后将板块掀起移至一旁，检查砂浆表面与板块之间是否相吻合，如发现有空虚之处，应用砂浆填补。然后正式镶铺，先在水泥砂浆接合层上满浇一层水灰比为0.5的素水泥浆（用浆壶浇均匀），再铺板块，安放时四角同时往下落，用橡皮锤或木槌轻击木垫板，根据水平线用铁水平尺找平，铺完第一块，向两侧和后退方向顺序铺砌。铺完纵、横行之后有了标准，可分段分区依次铺砌，一般房间是先里后外进行，逐步退至门口，便于成品保护，但必须注意与楼道相呼应。也可从门口处往里铺砌，板块与墙角、镶边和靠墙处应紧密砌合，不得有空隙。

### 7. 灌缝、擦缝

在板块铺砌后1~2昼夜进行灌浆擦缝。根据大理石（或花岗石）颜色，选择相同颜色矿物颜料和水泥（或白水泥）拌和均匀，调成1:1稀水泥浆，用浆壶徐徐灌入板块之间的缝隙中（可分几次进行），并用长把刮板把流出的水泥浆刮向缝隙内，至基本灌满为止。灌浆1~2h后，用棉纱团蘸原稀水泥浆擦缝，与板面擦平，同时将板面上水泥浆擦净，使大理石（或花岗石）面层的表面洁净、平整、坚实，以上工序完成后，面层加以覆盖。养护时间不应小于7 d。

### 8. 打蜡

当水泥砂浆接合层达到强度后（抗压强度达到1.2MPa时），方可进行打蜡，使面层达到光滑洁亮。

### （三）木（竹）面层施工

普通木（竹）地板和拼花木地板按构造方法不同，有"实铺"和"空铺"两种。"空铺"是由木格栅、企口板、剪刀撑等组成，一般均设在首层房间。当格栅跨度较大时，应在房中间加设地垄墙，地垄墙顶要铺油毡或抹防水砂浆及放置沿缘木。"实铺"是木格栅铺在钢筋混凝土板或垫层上，它由木格栅及企口板等组成。

施工工艺流程：安装木格栅→钉木地板→刨平→净面细刨、磨光→安装踢脚板。施工工艺如下：

#### 1. 安装木格栅

（1）空铺法

在砖砌基础墙上和地垄墙上垫放通长沿橡木，用预埋铁丝将其捆绑好，并在沿橡木表面画出各格栅的中线。然后将格栅对准中线摆好，端头离开墙面约 30 mm，依次将中间的格栅摆好，当顶面不平时，可用垫木或木楔在格栅底下垫平，并将其钉牢在沿缘木上。为防止格栅活动，应在固定好的木格栅表面临时钉设木拉条，使之互相牵拉。格栅摆正后，在格栅上按剪刀撑的间距弹线，然后按线将剪刀撑钉于格栅侧面，同一行剪刀撑要对齐顺线，上口齐平。

（2）实铺法

楼层木地板的铺设通常采用实铺法施工，应先在楼板上弹出各木格栅的安装位置线（间距约 400 mm）及标高。将格栅（断面呈梯形，宽面在下）放平、放稳，并找好标高，将预埋在楼板内的铁丝拉出，捆绑好木格栅（如未预埋镀锌铁丝，可按设计要求用膨胀螺栓等方法固定木格栅），然后把干炉渣或其他保温材料塞满两格栅之间。

#### 2. 钉木地板

（1）条板铺钉

空铺的条板铺钉方法：剪刀撑钉完之后，可从墙的一边开始铺钉企口条板，靠墙的一块板应离墙面有 10~20 mm 缝隙，以后逐块排紧，用钉从板侧凹角处斜向钉入，钉长为板厚的 2~2.5 倍，钉帽要砸扁，企口条板要钉牢、排紧。板的排紧方法：一般可在木格栅上钉扒钉一只，在扒钉与板之间夹一对硬木楔，打紧硬木楔就可以使板排紧。钉到最后一块企口板时，因无法斜着钉，可用明钉钉牢，钉帽要砸扁，冲入板内。企口板的接头要在格栅中间，接头要互相错开，板与板之间应排紧，格栅上临时固定的木拉条应随企口板的安装随时拆去，铺钉完之后及时清理干净，先沿垂直木纹方向粗刨一遍，再顺木纹方向细刨一遍。

实铺条板铺钉方法同上。

（2）拼花木地板铺钉

硬木地板下层一般都钉毛地板，可采用纯棱料，其宽度不宜大于 120 mm。毛地板与格栅成 45°或 30°方向铺钉，并应斜向钉牢，板间缝隙不应大于 3 mm，毛地板与墙之间应留 10~20 mm 缝隙，每块毛地板应在每根格栅上各钉两个钉子固定，钉子的长度应为板厚的 2.5 倍。铺钉拼花地板前，宜先铺设一层沥青纸（或油毡），以隔音和防潮。

在铺钉硬木拼花地板前，应根据设计要求的地板图案，一般应在房间中央弹出图案墨线，再按墨线从中央向四边铺钉。有镶边的图案，应先钉镶边部分，再从中央向四边铺钉，各块木板应相互排紧。对于企口拼装的硬木地板，应从板的侧边斜向钉入毛地板中，钉头不要露出；钉长为板厚的 2~2.5 倍，当木板长度小于 30 cm 时侧边应钉两个钉子，长度大于 30 cm 时应钉入 3 个钉子，板的两端应各钉 1 个钉固定。板块间缝隙不应大于 0.3 mm，面层与墙之间的缝隙应用木踢脚板封盖。钉完后，清扫干净刨光，刨刀吃口不应过深，防止板面出现刀痕。

（3）拼花地板黏结

采用沥青胶结料铺贴拼花木板面层时，其下一层应平整、洁净、干燥，并先涂刷一遍同类底子油，然后用沥青胶结料随涂随铺，其厚度宜为 2 mm，在铺贴时木板块背面亦应涂刷一层薄而均匀的沥青胶结料。当采用胶黏剂铺贴拼花板面层时，胶黏剂应通过试验确定。胶黏剂应存放在阴凉通风、干燥的室内。超过生产期 3 个月的产品，应取样检验，合格后方可使用，超过保质期的产品不得使用。

**3. 净面细刨、磨光**

地板刨光宜采用地板刨光机（或六面刨），转速在 5 000 r/min 以上。长条地板应顺木纹刨，拼花地板应与地板木纹呈 45°斜刨。刨时不宜走得太快，刨口不要过大，要多走几遍。地板刨光机不用时应先将机器提起关闭，防止啃伤地面。机器刨不到的地方要用手刨，并用细刨净面。地板刨平后，应使用地板磨光机磨光，所用砂布应先粗后细，砂布应绷紧绷平，磨光方向及角度与刨光方向相同。

## 二、吊顶与轻质隔墙施工

### （一）吊顶施工

吊顶有直接式顶棚和悬吊式顶棚两种形式。直接式顶棚按施工方法和装饰材料的不同，可分为直接刷（喷）浆顶棚、直接抹灰顶棚、直接粘贴式顶棚（用胶黏剂粘贴装饰面层）；悬吊式顶棚按结构形式分为活动式装配吊顶、隐蔽式装配吊顶、金属装饰板吊顶、开敞式吊顶和整体式吊顶（灰板条吊顶）等。

### 1. 木骨架罩面板顶棚施工

木骨架罩面板顶棚施工工艺流程：安装吊点紧固件—沿吊顶标高线固定沿墙边龙骨—刷防火涂料—在地面拼接木格栅（木龙骨架）—分片吊装—与吊点固定—分片间连接—预留孔洞—整体调整—安装胶合板—后期处理。

（1）安装吊点紧固件

①用冲击电钻在建筑结构底面按设计要求打孔，钉膨胀螺钉。

②用直径必须大于 5 mm 的射钉，将角铁等固定在建筑底面上。

③利用事先预埋吊筋固定吊点。

（2）沿吊顶标高线固定沿墙边龙骨

①遇砖墙面，可用水泥钉将木龙骨固定在墙面上。

②遇混凝土墙面，先用冲击钻在墙面标高线以上 10 mm 处打孔（孔的直径应大于 12 mm，在孔内钉入木楔，木楔的直径要稍大于孔径），木楔钉入孔内要牢固。木楔钉完后，木楔和墙面应保持在同一平面，木楔间距为 0.5~0.8 mm。然后将边龙骨用钉固定在墙上。边龙骨断面尺寸应与吊顶木龙骨断面尺寸相同，边龙骨固定后其底边与吊顶标高线应齐平。

（3）刷防火涂料

木吊顶龙骨筛选后要刷三遍防火涂料，待晾干后备用。

（4）在地面拼接木格栅（木龙骨架）

①先把吊顶面上须分片或可以分片的尺寸位置定出，根据分片的尺寸进行拼接前安排。

②拼接接法：将截面尺寸为 25 mm×30 mm 的木龙骨，在长木方向上按中心线距 300 mm 的尺寸开出深 15 mm、宽 25 mm 的凹槽；然后按凹槽对凹槽的方法拼接，在拼口处用小圆钉或胶水固定。通常是先拼接大片的木格栅，再拼接小片的木格栅，但木格栅最大片不能大于 10 m²。

（5）分片吊装

平面吊顶的吊装先从一个墙角位置开始，将拼接好的木格栅托起至吊顶标高位置。对于高度低于 3.2 m 的吊顶木格栅，可在木格栅举起后用高度定位杆支撑，使格栅的高度略高于吊顶标高线，高度大于 3 m 时，则用铁丝在吊点上做临时固定。

（6）与吊点固定

与吊点固定有以下三种方法：

①用木方固定。先用木方按吊点位置固定在楼板或屋面板的下面，然后再用吊筋木方与固定在建筑顶面的木方钉牢。吊筋长短应大于吊点与木格栅表面之间的距离约 100 mm，便于调整高度。吊筋应在木龙骨的两侧固定后再截去多余部分。吊筋与木龙骨钉接处每处不应少于两只铁钉。如木龙骨搭接间距较小，或钉接处有劈裂、腐朽、虫眼等缺陷，应换掉或立刻在木龙骨的吊挂处钉挂上长 200 mm 的加固短木方。

②用角铁固定。在需要上人和一些重要位置，常用角铁做吊筋与木格栅固定连接。其方法是在角铁的端头钻 2~3 个孔做调整。角铁在木格栅的角位上用两只木螺钉固定。

③用扁铁固定。将扁铁的长短先测量截好，在吊点固定端钻出两个调整孔，以便调整木格栅的高度。扁铁与吊点件用 M6 螺栓连接，扁铁与木龙骨用两只木螺钉固定。扁铁端头不得长出木格栅下平面。

（7）分片间的连接

分片间的连接有两种情况：两分片木格栅在同一平面对接，先将木格栅的各端头对正，然后用短木方进行加固；对分片木格栅不在同一平面，平面吊顶处于高低面连接的，先用一条木方斜位地将上下两平面木格栅架定位，再将上下平面的木格栅用垂直的木方条固定连接。

（8）预留孔洞

预留灯光盘、空调风口、检修孔位置。

（9）整体调整

各个分片木格栅连接加固完后，在整个吊顶面下用尼龙线或棒线拉出十字交叉标高线，检查吊顶平面的平整度。吊顶应起拱，一般可按 7~10 m 跨度为 3/1000 的起拱量，10~15 m 跨度为 5/1000 的起拱量。

（10）安装胶合板

①按设计要求将挑选好的胶合板正面向上，按照木格栅分格的中心线尺寸，在胶合板正面画线。

②板面倒角：在胶合板的正面四周按宽度 2~3 mm 刨出 45°倒角。

③钉胶合板：将胶合板正面朝下，托起到预定位置，使胶合板上的画线与木格栅中心线对齐，用铁钉固定。钉距为 80~150 mm，钉长为 25~35 mm，钉帽应砸扁钉入板内，钉帽进入板面 0.5~1 mm，钉眼用油性腻子抹平。

④固定纤维板：钉距为 80~120 mm，钉长为 20~30 mm，钉帽进入板面 0.5 mm。钉眼用油性腻子抹平。硬质纤维板用前应先用水浸透，自然阴干后安装。

⑤胶合板、纤维板、木丝板要钉木压条，先按图纸要求的间距尺寸在板面上弹线。以墨线为准，将压条用钉子左右交错钉牢，钉距不应大于 200 mm，钉帽应砸扁顺着木纹打

入木压条表面 0.5~1 mm，钉眼用油性腻子抹平。木压条的接头处用小齿锯制角，使其严密平整。

（11）后期处理

按设计要求进行刷油、裱糊、喷涂，最后安装 PVC 塑料板。

### 2. 轻钢骨架罩面板顶棚施工

轻钢骨架罩面板顶棚施工工艺流程：弹顶棚标高水平线→画龙骨分档线→安装主龙骨吊杆→安装主龙骨→安装次龙骨→安装罩面板→刷防锈漆→安装压条。施工工艺如下：

（1）弹顶棚标高水平线

根据楼层标高水平线，用尺竖向量至顶棚设计标高，沿墙往四周弹顶棚标高水平线。

（2）画龙骨分档线

按设计要求的主、次龙骨间距布置，在已弹好的顶棚标高水平线上画龙骨分档线。

（3）安装主龙骨吊杆

弹好顶棚标高水平线及龙骨分档位置线后，确定吊杆下端头的标高，按主龙骨位置及吊挂间距，将吊杆无螺栓丝扣的一端与楼板预埋钢筋连接固定。未预埋钢筋时可用膨胀螺栓固定。

（4）安装主龙骨

①配装吊杆螺母。

②在主龙骨上安装吊挂件。

③安装主龙骨：将组装好吊挂件的主龙骨，按分档线位置使吊挂件穿入相应的吊杆螺栓，拧好螺母。

④主龙骨相接处装好连接件，拉线调整标高、起拱和平直。

⑤安装洞口附加主龙骨，按图集相应节点构造设置连接卡固件。

⑥钉固边龙骨，采用射钉固定。设计无要求时，射钉间距为 1 000 mm。

（5）安装次龙骨

①按已弹好的次龙骨分档线，卡放次龙骨吊挂件。

②吊挂次龙骨：按设计规定的次龙骨间距，将次龙骨通过吊挂件吊挂在大龙骨上，设计无要求时，一般间距为 500~600 mm。

③当次龙骨长度须多根延续接长时，用次龙骨连接件在吊挂次龙骨的同时相接，调直固定。

④当采用 T 形龙骨组成轻钢骨架时，次龙骨的卡档龙骨应在安装罩面板时，每装一块罩面板先后各装一根卡档次龙骨。

（6）安装罩面板

在安装罩面板前必须对顶棚内的各种管线进行检查验收，并经打压试验合格后才允许安装。顶棚罩面板的品种繁多，在设计文件中应明确选用的种类、规格和固定方式。罩面板与轻钢龙骨固定的方式有以下三种：

①罩面板自攻螺钉钉固法。在已装好并经验收的轻钢龙骨下面，按罩面板的规格、拉缝间隙进行分块弹线，从顶棚中间顺通长次龙骨方向先装一行罩面板作为基准，然后向两侧延伸分行安装，固定罩面板的自攻螺钉间距为 150~170 mm。

②罩面板胶黏结固定法。按设计要求和罩面板的品种、材质选用胶黏结材料，一般可用 401 胶黏结，罩面板应经选配修整，使厚度、尺寸、边楞一致、整齐。每块罩面板黏结时应预装，然后在预装部位龙骨框底面刷胶，同时在罩面板四周边宽 10~15 mm 的范围刷胶，经 5 min 后将罩面板压粘在预装部位。每间顶棚先由中间行开始，然后向两侧分行黏结。

③罩面板托卡固定法。当轻钢龙骨为"T"形时，多为托卡固定法安装。T 形轻钢龙骨安装完毕，经检查标高、间距、平直度和吊挂荷载符合设计要求，垂直于通长次龙骨弹分块及卡档龙骨线。罩面板安装由顶棚的中间行次龙骨的一端开始，先装一根边卡档次龙骨，再将罩面板槽托入 T 形次龙骨翼缘或将无槽的罩面板装在 T 形翼缘上，然后安装另一侧长档次龙骨。按上述程序分行安装，最后分行拉线调整 T 形明龙骨。

（7）安装压条

罩面板顶棚如设计要求有压条，待一间顶棚罩面板安装后，经调整位置，使拉缝均匀、对缝平整，按压条位置弹线，然后接线进行压条安装。其固定方法宜用自攻螺钉，螺钉间距为 300 mm，也可用胶黏结料粘贴。

（8）刷防锈漆

轻钢骨架罩面板顶棚，碳钢或焊接处未做防腐处理的表面（如预埋件、吊挂件、连接件、钉固附件等）在各工序安装前应刷防锈漆。

（二）轻质隔墙工程

**1. 钢丝网架夹心板隔墙**

钢丝网架夹心墙板是以三维构架式钢丝网为骨架，以膨胀珍珠岩、阻燃型聚苯乙烯泡沫塑料、矿棉、玻璃棉等轻质材料为心材，由工厂制成面密度为 4~20 kg/m² 的钢丝网架夹心板，然后在其两面喷抹 20 mm 厚水泥砂浆面层的新型轻质墙板。

钢丝网架夹心墙板施工工艺流程：清理—弹线—墙板安装—墙板加固—管线敷设—墙

面粉刷。施工工艺如下：

（1）弹线

在楼地面、墙体及顶棚面上弹出墙板双面边线，边线间距为 80 mm（板厚），用线坠吊垂直，以保证对应的上下线在一个垂直平面内。

（2）墙板安装

钢丝网架夹心板墙体施工时，按排列图将板块就位，一般是按由下至上、从一端向另一端顺序安装。

①将结构施工时预埋的两根直径为 6 mm、间距为 400 mm 的锚筋与钢丝网架焊接或用钢丝绑扎牢固。也可通过直径为 8 mm 的胀铆螺栓加 U 形码（或压片），或打孔植筋，把板材固定在结构梁、板、墙、柱上。

②板块就位前，可先在墙板底部安装位置满铺厚度不小于 35 mm 的 1∶2.5 水泥砂浆垫层，使板材底部填满砂浆。有防渗漏要求的房间，应做高度不低于 100 mm 的细石混凝土墙垫，待其达到一定强度后，再进行钢丝网架夹心板的安装。

③墙板拼缝、墙体阴阳角、门窗洞口等部位，均应按设计构造要求采用配套的钢网片覆盖或槽形网加强，用箍码固定或用钢丝绑牢。钢丝网架边缘与钢网片相交点用钢丝绑扎紧固，其余部分相交点可相隔交错扎牢，不得有变形、脱焊现象。

④板材拼接时，接头处心材若有空隙，应用同类心材补充、填实、找平。门窗洞口应按设计要求进行加强，一般洞口周边设置的槽形网（300 mm）和洞口四角设置的 45°加强钢网片（可用长度不小于 500 mm 的"之"字条）应与钢网架用金属丝捆扎牢固。如设置洞边加筋，应与钢丝网架用金属丝绑扎定位；如设置通天柱，应与结构梁、板的预留锚筋或预埋件焊接固定。门窗框安装，应与洞口处的预埋件连接固定。

⑤墙板安装完成后，检查板块间以及墙板与建筑结构之间的连接，确定是否符合设计规定的构造要求及墙体稳定性的要求，并检查暗设管线、设备等隐蔽部分施工质量以及墙板表面平整度是否符合要求，同时对墙板安装质量进行全面检查。

（3）暗管、暗线与暗盒安装

安装暗管、暗线与暗盒等应与墙板安装相配合，在抹灰前进行。按设计位置将板材的钢丝剪开，剔除管线通过位置的心材，把管、线或设备等埋入墙体内，上、下用钢筋与钢丝网架固定，周边填实。埋设处表面另加钢网片覆盖补强，钢网片与钢丝网架用点焊连接或用金属丝绑扎牢固。

（4）水泥砂浆面层施工

钢丝网架夹心板墙体安装完毕并通过质量检查，即可进行墙面抹灰。

①将钢丝网架夹心板墙体四周与建筑结构连接处（25~30 mm 宽缝）的缝隙用 1∶3

水泥砂浆填实。清理钢丝网架与心材结构，墙面做灰饼、设标筋，重要的阳角部位应按国家现行标准规定及设计要求做护角。

②水泥砂浆抹灰层施工可分三遍完成，底层厚 12~15 mm，中层厚 8~10 mm，罩面层厚 2~5 mm，平均总厚度不小于 25 mm。

③可采用机械喷涂抹灰。若人工抹灰时，以自下而上为宜。底层抹灰后，应用木抹子反复揉搓，使砂浆密实并与墙体的钢丝网及心材紧密黏结，且使抹灰表面保持粗糙。待底层砂浆终凝后，适当洒水润湿，即抹中层砂浆，表面用刮板找平、搓毛。两层抹灰均应采用同一配合比的砂浆。水泥砂浆抹灰层的罩面层，应按设计要求的装饰材料抹面。当罩面层须掺入其他防裂材料时，应经试验合格后方可使用。在钢丝网架夹心墙板的一面喷灰时，注意防止心材位置偏移。尚应注意，每一水泥砂浆抹灰层的砂浆终凝后，均应洒水养护；墙体两面抹灰的时间间隔，不得小于 24 h。

**2. 木龙骨隔墙工程**

采用木龙骨做墙体骨架，以 4~25 mm 厚的建筑平板做罩面板组装而成的室内非承重轻质墙体，称为木龙骨隔墙。

（1）木龙骨隔墙的种类

木龙骨隔墙分为全封隔墙、有门窗隔墙和隔断三种，其结构形式不尽相同。大木方构架结构的木隔墙，通常用 50 mm×80 mm 或 50 mm×100 mm 的大木方做主框架，框体规格为 500 mm 的方框架或 500 mm×800 mm 的长方框架，再用 4~5 mm 厚的木夹板做基面板。该结构多用于墙面较高、较宽的隔墙。为了使木隔墙有一定的厚度，常用 25 mm×30 mm 带凹槽木方做成双层骨架的框体，每片规格为 300 mm 或 400 mm，间隔为 150 mm，用木方横杆连接。单层小木方构架常用 25 mm×30 mm 的带凹槽木方组装，框体 300 mm，多用于 3 m 以下隔墙或隔断。

（2）木龙骨隔墙施工工艺

木龙骨隔墙工程施工工艺流程：弹线—钻孔—安装木骨架—安装饰面板—饰面处理。

①弹线，钻孔

在需要固定木隔墙的地面和建筑墙面上弹出隔墙的边缘线和中心线，画出固定点的位置，间距 300~400 mm，打孔深度在 45 mm 左右，用膨胀螺栓固定。如用木楔固定，则孔深应不小于 50 mm。

②木骨架安装

a. 木骨架的固定通常是在沿墙、沿地和沿顶面处。对隔断来说，主要是靠地面和端头的建筑墙面固定。如端头无法固定，常用铁件来加固端头，加固部位主要是在地面与竖木方之间。对于木隔墙的门框竖向木方，均应用铁件加固，否则会使木隔墙颤动、门框松动以及木隔墙松动。

b. 如果隔墙的顶端不是建筑结构，而是吊顶，处理方法区分不同情况而定。对于无门隔墙，只须相接缝隙小、平直即可；对于有门隔墙，考虑到振动和碰动，所以顶端必须加固，即隔墙的竖向龙骨应穿过吊顶面，再与建筑物的顶面进行固定。

c. 木隔墙中的门框是以门洞两侧的竖向木方为基体，配以挡位框、饰边板或饰边线条组合而成。大木方骨架隔墙门洞竖向木方较大，其挡位框可直接固定在竖向木方上；小木方双层构架的隔墙，因其木方小，应先在门洞内侧钉上厚夹板或实木板之后，再固定挡位框。

d. 木隔墙中的窗框是在制作时预留的，然后用木夹板和木线条进行压边定位；隔断墙的窗也分固定窗和活动窗，固定窗是用木压条把玻璃板固定在窗框中，活动窗与普通活动窗一样。

③饰面板安装

墙面木夹板的安装方式主要有明缝和拼缝两种。明缝固定是在两板之间留一条有一定宽度的缝，图样无规定时，缝宽以 8~10 mm 为宜；明缝如不加垫板，则应将木龙骨面刨光，明缝的上下宽度应一致，锯割木夹板时，应用靠尺来保证锯口的平直度与尺寸的准确性，并用零号砂纸修边。拼缝固定时，要对木夹板正面四边进行倒角处理（45°，3 mm），以使板缝平整。

**3. 轻钢龙骨隔墙工程**

采用轻钢龙骨做墙体骨架，以 4~25 mm 厚的建筑平板做罩面板组装而成的室内非承重轻质墙体，称为轻钢龙骨隔墙。

（1）材料要求

隔墙所用的轻钢龙骨主件及配件、紧固件（包括射钉、膨胀螺钉、镀锌自攻螺钉、嵌缝料等）均应符合设计要求；轻钢龙骨还应满足防火及耐久性要求。

（2）施工工艺

轻钢龙骨隔墙施工工艺流程：基层清理→定位放线→安装沿顶龙骨和沿地龙骨→安装竖向龙骨→安装横向龙骨→安装通贯龙骨（采用通贯龙骨系列时）、横撑龙骨、水电管线→安装门窗洞口部位的横撑龙骨→各洞口的龙骨加强及附加龙骨安装→检查骨架安装质量，并调整校正→安装墙体→安装侧罩面板→板面钻孔安装管线固定件→安装填充材料→安装另一侧罩面板→接缝处理→墙面装饰。

①施工前应先完成基本的验收工作，石膏罩面板安装应在屋面、顶棚和墙面抹灰完成后进行。

②弹线定位：墙体骨架安装前，按设计图样检查现场，进行实测实量，并对基层表面予以清理；在基层上按龙骨的宽度弹线，弹线应清晰，位置应准确。

③安装沿地、沿顶龙骨及边端竖龙骨：沿地、沿顶龙骨及边端竖龙骨可根据设计要求及具体情况采用射钉、膨胀螺钉或按所设置的预埋件进行连接固定。沿地、沿顶龙骨固定射钉或膨胀螺钉固定点间距一般为 600~800 mm。边框竖龙骨与建筑基体表面之间，应按设计规定设置隔声垫或满嵌弹性密封胶。

④安装竖龙骨：竖龙骨的长度应比沿地、沿顶龙骨内侧的距离尺寸短 15 mm。竖龙骨准确垂直就位后，即用抽芯铆钉将其两端分别与沿地、沿顶龙骨固定。

⑤安装横向龙骨：当采用有配件龙骨体系时，其通贯龙骨在水平方向穿过各条竖龙骨上的贯通孔，由支撑卡在两者相交的开口处连接。对于无配件龙骨体系，可将横向龙骨（可由竖龙骨截取或采用加强龙骨等配套横撑型材）端头剪开折弯，用抽芯铆钉与竖龙骨连接固定。

⑥墙体龙骨骨架的验收：龙骨安装完毕，有水电设施的工程，尚须专业人员按水电设计对暗管、暗线及配件等安装进行检查验收。墙体中的预埋管线和附墙设备按设计要求采取加强措施。在罩面板安装之前，应检查龙骨骨架的表面平整度、立面垂直度及稳定性。

# 第三节　幕墙与门窗工程施工

## 一、幕墙施工

玻璃幕墙的施工方式除挂架式和无骨架式外，分为单元式安装（工厂组装）和元件式安装（现场组装）两种。单元式玻璃幕墙施工是将立柱、横梁和玻璃板材在工厂拼装为一个安装单元（一般为一层楼高度），然后在现场整体吊装就位；元件式玻璃幕墙施工是将立柱、横梁和玻璃等材料分别运到工地现场，进行逐件安装就位。由于元件式安装不受层高和柱网尺寸的限制，是目前应用较多的安装方法，它适用于明框、隐框和半隐框幕墙。其主要工序如下：

（一）测量放线

将骨架的位置弹到主体结构上。放线工作应根据主体结构施工大的基准轴线和水准点进行。对于由横梁、立柱组成的幕墙骨架，先弹出立柱的位置然后再将立柱的锚固点确定。待立柱通长布置完毕将横梁弹到立柱上。如果是全玻璃安装，则首先将玻璃的位置线弹到地面上，再根据外边缘尺寸确定锚固点。

## （二）预埋件检查

幕墙与主体结构连接的预埋件应在主体结构施工过程中按设计要求进行埋设，在幕墙安装前检查各预埋件位置是否正确、数量是否齐全。若预埋件遗漏或位置偏差过大，应会同设计单位采取补救措施。补救方法应采用植锚栓补设预埋件，同时应进行拉拔试验。

## （三）骨架施工

根据放线的位置进行骨架安装。骨架安装是采用连接件与主体结构上的预埋件相连。连接件与主体结构是通过预埋件或后埋锚栓固定，当采用后埋锚栓固定时，应通过试验确定锚栓的承载力。骨架安装先安装立柱，再安装横梁。上下立柱通过芯柱连接，横梁与立柱的连接根据材料不同，可以采用焊接、螺栓连接、穿插件连接或用角铝连接。

## （四）玻璃安装

玻璃安装因幕墙的类型不同而不同。钢骨架，因型钢没有镶嵌玻璃的凹槽，多用窗框过渡，将玻璃安装在铝合金窗框上，再将铝合金窗框与骨架相连。铝合金型材的幕墙框架，在成形时已经将固定玻璃的凹槽随同断面一次挤压成形，可以直接安装玻璃。玻璃与金属之间不能直接接触，玻璃底部设防震垫片，侧面与金属之间用封缝材料嵌缝。对隐框玻璃幕墙，在玻璃框安装前应对玻璃及四周的铝框进行清洁，保证嵌缝耐候胶能可靠黏结。安装前，玻璃的镀膜面应粘贴保护膜加以保护，交工前全部揭除。安装时对于不同的金属接触面应设防静电垫片。

## （五）密封处理

玻璃或玻璃组件安装完后，应使用耐候密封胶嵌缝密封，保证玻璃幕墙的气密性、水密性等性能。玻璃幕墙使用的密封胶，其性能必须符合规范规定。耐候密封胶必须是中性单组分胶，酸碱性胶不能使用。使用前，应经国家认可的检测机构对与硅酮结构胶相接触的材料进行相容性和剥离黏结性试验，并应对邵氏硬度和标准状态下拉伸黏结性能进行复验。

## （六）清洁维护

玻璃安装完后，应从上往下用中性清洁剂对玻璃幕墙表面及外露构件进行清洁，清洁剂使用前应进行腐蚀性检验，证明对铝合金和玻璃无腐蚀作用后方可使用。

## 二、门窗施工

常见的门窗类型有木门窗、铝合金门窗、塑料门窗、彩板门窗和特种门窗。门窗工程的施工可分为两类：一类是由工厂预先加工拼装成形，在现场安装；另一类是在现场根据设计要求加工制作即时安装。

### （一）木门窗安装

木门窗安装工艺流程：弹线找规矩→决定门窗框安装位置→决定安装标高→掩扇、门框安装样板→窗框、扇安装→门框安装→门扇安装。施工工艺如下：

1. 结构工程经过验收达到合格后，即可进行门窗安装施工。应从顶层用大线坠吊垂直，检查窗口位置的准确度，并在墙上弹出安装位置线，对不符线的结构边楞进行处理。

2. 根据室内 50 cm 平线检查窗框安装的标高尺寸，对不符线的结构边棱进行处理。

3. 室内外门框应根据图纸位置和标高安装，为保证安装的牢固，应提前检查预埋木砖数量是否满足，1.2 m 高的门口，每边预埋 2 块木砖；1.2 ~ 2 m 高的门口，每边预埋 3 块木砖；2 ~ 3 m 高的门口，每边预埋 4 块木砖，每块木砖上应钉两根长 10 cm 的钉子，将钉帽砸扁，顺木纹钉入木门框内。

4. 木门框安装应在地面工程和墙面抹灰施工以前完成。

5. 采用预埋带木砖的混凝土块与门窗框进行连接的轻质隔断墙，其混凝土块预埋的数量亦应根据门口高度设 2 块、3 块、4 块，用钉子使其与门框钉牢。采用其他连接方法的，应符合设计要求。

6. 做样板：把窗扇根据图样要求安装到窗框上，此道工序称为掩扇。对掩扇的质量，按验收标准检查缝隙大小，五金安装位置、尺寸、型号以及牢固性，符合标准要求后作为样板，并以此作为验收标准和依据。

7. 弹线安装门窗框扇：应考虑抹灰层厚度，并根据门窗尺寸、标高、位置及开启方向，在墙上画出安装位置线。有贴脸的门窗立框时，应与抹灰面齐平；有预制水磨石窗台板的窗，应注意窗台板的出墙尺寸，以确定立框位置；中立的外窗，如外墙为清水砖墙勾缝时，可稍移动，以盖上砖墙立缝为宜。窗框的安装标高，以墙上弹 50 cm 平线为准，用木楔将框临时固定于窗洞内，为保证相隔窗框的平直，应在窗框下边拉小线找直，并用铁水平尺将水平线引入洞内作为立框时的标准，再用线坠校正吊直。黄花松窗框安装前，应先对准木砖位置钻眼，便于钉钉。

8. 若隔墙为加气混凝土条板时，应按要求的木砖间距钻 φ30。mm 的孔，孔深 7 ~ 10 cm，并在孔内预埋木橛粘 108 胶水泥浆打入孔中（木橛直径应略大于孔径 5 mm，以便其打入牢固），待其凝固后，再安装门窗框。

9. 木门扇的安装

（1）先确定门的开启方向及小五金型号、安装位置，对开门扇扇口的裁口位置及开启方向（一般右扇为盖口扇）。

（2）检查门口尺寸是否正确，边角是否方正，有无窜角，检查门口高度应量门的两个立边，检查门口宽度应量门口的上、中、下三点，并在扇的相应部位定点画线。

（3）将门扇靠在框上画出相应的尺寸线。如果扇较大，则应根据框的尺寸将多余的部分刨去；若扇较小，应绑木条，且木条应绑在装合页的一面，用胶粘后并用钉子打牢，钉帽要砸扁，顺木纹送入框内 1~2 mm。

（4）第一次修刨后的门扇应以能塞入口内为宜，塞好后用木楔顶住临时固定，按门扇与口边缝宽尺寸合适，画第二次修刨线，标出合页槽的位置（距门扇的上下端各 1/10，且避开上、下冒头）。同时应注意口与扇安装的平整。

（5）门扇第二次修刨，缝隙尺寸合适后，即安装合页。应先用线勒子勒出合页的宽度，根据上、下冒头 1/10 的要求，定出合页安装边线，分别从上、下边线往里量出合页长度，剔合页槽，以槽的深度来调整门扇安装后与框的平整，剔合页槽时应留线，不应剔得过大、过深。

（6）合页槽剔好后，即安装上、下合页，安装时应先拧一个螺钉，然后关上门检查缝隙是否合适、口与扇是否平整，无问题后方可将螺钉全部拧上拧紧。木螺钉应钉入全长 1/3，拧入 2/3。如木门为黄花松或其他硬木时，安装前应先打眼，眼的孔径为木螺钉直径的 0.9 倍，眼深为螺钉长的 2/3，打眼后再拧螺钉，以防安装劈裂或将螺钉拧断。

（7）安装对开扇时，应将门扇的宽度用尺量好，再确定中间对口缝的裁口深度。如采用企口榫时，对口缝的裁口深度及裁口方向应满足装锁的要求，然后将四周刨到准确尺寸。

（8）五金安装应符合设计图纸的要求，不得遗漏，一般门锁、碰珠、拉手等距地高度为 95~100cm，插销应在拉手下面。

（9）安装玻璃门时，一般玻璃裁口在走廊内。厨房、厕所玻璃裁口在室内。

（10）门扇开启后易碰墙，为固定门扇位置，应安装门碰头，对有特殊要求的关闭门，应安装门扇开启器，其安装方法参照产品安装说明书的要求。

## （二）铝合金门窗安装

### 1. 准备工作及安装质量要求

检查铝合金门窗成品及构配件各部位，如发现变形，应予以校正和修理；同时还要检查洞口标高线及几何形状，预埋件位置、间距是否符合规定，埋设是否牢固。不符合要求的，应纠正后才能进行安装。安装质量要求是位置准确、横平竖直、高低一致、牢固严密。

### 2. 安装方法及施工要点

安装方法：先安装门窗框，后安装门窗扇，用后塞口法。铝合金门窗安装要点如下：

（1）将门窗框安放到洞口中正确位置，用木楔临时定位。

（2）拉通线进行调整，使上、下、左、右的门窗分别在同一竖直线、水平线上。

（3）框边四周间隙与框表面距墙体外表面尺寸一致。

（4）仔细校正其正侧面垂直度、水平度及位置，合格后楔紧木楔。

（5）再校正一次后，按设计规定的门窗框与墙体或预埋件连接固定方式进行焊接固定。常用的固定方法有预留洞燕尾铁脚连接、射钉连接、预埋木砖连接、膨胀螺钉连接、预埋铁件焊接连接等。

（6）窗框安装质量检查合格后，用1:2水泥砂浆或细石混凝土嵌填洞口与门窗框间的缝隙，使门窗框牢固地固定在洞内。嵌填前应先把缝隙中的残留物清除干净，然后浇湿。拉直检查外形平直度的直线。嵌填操作应轻而细致，不破坏原安装位置，应边嵌填边检查门窗框是否变形移位，应注意不可污染门窗框和不嵌填部位。嵌填必须密实饱满不得有间隙，也不得松动或移动木楔，并洒水养护。在水泥砂浆凝固前，绝对禁止在门窗框上工作或在其上搁置任何物品，待嵌填的水泥砂浆凝固后才可取下木楔，并用水泥砂浆抹严框周围缝隙。

（7）窗扇的安装

①质量要求：位置正确、平直，缝隙均匀，严密牢固，启闭灵活、启闭力合格，五金零配件安装位置准确，能起到各自的作用。

②施工操作要点：对推拉式门窗扇，先装室内侧门窗扇，后装室外侧门窗扇；对固定扇，应装在室外侧，并固定牢固，不会脱落，确保使用安全；平开式门窗扇应装于门窗框内，要求门窗扇关闭后四周压合严密，搭接量一致，相邻两门窗扇在同一平面内。

# 第四节　涂料与裱糊工程施工

## 一、涂料施工

### （一）建筑涂料的施工

各种建筑涂料的施工过程大同小异，大致上包括基层处理、刮腻子与磨平、涂料施涂三个阶段。

#### 1. 基层处理

基层处理的工作内容包括基层清理和基层修补。

（1）混凝土及抹灰面的基层处理

为保证涂膜能与基层牢固黏结在一起，基层表面必须干燥、洁净、坚实，无酥松、脱皮、起壳、粉化等现象，基层表面的泥土、灰尘、污垢、黏附的砂浆等应清扫干净，酥松的表面应予铲除。为保证基层表面平整，缺棱掉角处应用 1 : 3 水泥砂浆（或聚合物水泥砂浆）修补，表面的麻面、缝隙及凹陷处应用腻子填补修平。混凝土或抹灰面基层应干燥，当涂刷溶剂型涂料时，含水率不得大于 8%；当涂刷乳液型涂料时，含水率不得大于 10%。

（2）木材与金属面的基层处理

为保证涂膜与基层黏结牢固，木材表面的灰尘、污垢和金属表面的油渍、鳞皮、锈斑、焊渣、毛刺等必须清除干净。木料表面的裂缝等在清理和修整后应用石膏腻子填补密实、刮平收净，用砂纸磨光以使表面平整。木材基层缺陷处理好后，表面上应做打底子处理，使基层表面具有均匀吸收涂料的性能，以保证面层的色泽均匀一致。金属表面应刷防锈漆，涂料施涂前被涂物件的表面必须干燥，以免水分蒸发造成涂膜起泡，金属表面不得有湿气，木基层含水率不得大于 12%。

#### 2. 刮腻子与磨平

涂膜对光线的反射比较均匀，因而在一般情况下不易觉察基层表面细小的凹凸不平和砂眼，在涂刷涂料后由于光影作用都将显现出来，影响美观。所以基层必须刮腻子数遍予以找平，并在每遍所刮腻子干燥后用砂纸打磨，保证基层表面平整光滑。需要刮腻子的遍数，视涂饰工程的质量等级、基层表面的平整度和所用的涂料品种而定。

**3. 涂料的施涂**

涂料在施涂前及施涂过程中，必须充分搅拌均匀。用于同一表面的涂料，应注意保证颜色一致。涂料黏度应调整合适，使其在施涂时不流坠、不显刷纹，如须稀释应用该种涂料所规定的稀释剂稀释。涂料的施涂遍数应根据涂料工程的质量等级而定。施涂溶剂型涂料时，后一遍涂料必须在前一遍涂料干燥后进行；施涂乳液型和水溶性涂料时，后一遍涂料必须在前一遍涂料表干后进行。每一遍涂料不宜施涂过厚，应施涂均匀，各层必须接合牢固。

涂料的施涂方法有刷涂、滚涂、喷涂、刮涂和弹涂等。

（1）刷涂

用油漆刷、排笔等将涂料刷涂在物体表面上的一种施工方法。此法操作方便、适应性广，除极少数流平性较差或干燥太快的涂料不宜采用外，大部分薄涂料或云母片状厚质涂料均可采用。刷涂顺序是先左后右、先上后下、先边后面、先难后易。

（2）滚涂（或称辊涂）

用滚筒（或称辊筒、涂料辊）蘸取涂料并将其涂布到物体表面的一种施工方法。滚筒表面有的是粘贴合成纤维长毛绒，也有的是粘贴橡胶（称为橡胶压辊），当绒面压花滚筒或橡胶压花压辊表面为凸出的花纹图案时，即可在涂层上滚压出相应的花纹。

（3）喷涂

用压力或压缩空气将涂料涂布于物体表面的一种施工方法。涂料在高速喷射的空气流带动下，呈雾状小液滴喷到基层表面形成涂层。喷涂的涂层较均匀，颜色也较均匀，施工效率高，适用于大面积施工。可使用各种涂料进行喷涂，尤其是外墙涂料用得较多。

喷涂的效果与质量由喷嘴直径、喷枪距墙的距离、工作压力与喷枪移动的速度有关，是喷涂工艺的四要素。喷涂时空气压缩机的压力一般控制在 $0.4 \sim 0.7$ MPa，气泵的排气量不小于 $0.6 m^3/h$。喷嘴和喷涂面的距离以喷涂后不流挂为准，一般为 $40 \sim 60$ cm。喷嘴应与被涂面垂直且做平行移动，运行中速度保持一致，纵横方向做 S 形移动。当喷涂两个平面相交的墙角时，应将喷嘴对准墙角线。

（4）刮涂

利用刮板将涂料厚浆均匀地批刮于饰涂面上，形成厚度为 $1 \sim 2$ mm 的涂层，常用于地面厚层涂料的施涂。

（5）弹涂

利用弹涂器通过转动的弹棒将涂料以圆点形状弹到被涂面上的一种施工方法。若分数次弹涂，每次用不同颜色的涂料，被涂面由不同色点的涂料装饰，相互衬托，可增强饰面装饰效果。

## （二）油漆涂料施工

油漆工程是一个专业性及技艺性较强的技术工程，从其主要材料如油漆、稀释剂、腻子、润粉、着色颜料及染料（水色、酒色和油色）、研磨抛光和上蜡材料的使用，到清除、嵌批、打磨、配料和涂饰等工序，均十分复杂且要求严格。

油漆工程的基层面主要是木质基层、抹灰基层。抹灰基层的处理参考内墙涂料基层处理。木基层主要有门窗、家具、木装修（木墙裙、隔断、顶棚）等。一般松木等软材类的木料表面，以采用混色涂料或清漆面的普通、中等涂料较多；硬材类的木材表面，则多采用漆片、蜡刻面的清漆，属于高级涂料。

### 1. 施工工艺流程

油漆涂料施工工艺流程：基层处理→润粉→着色→打磨→配料→涂刷面层。

### 2. 施工操作要点

（1）基层处理、润粉、着色

木质基层的木材除木质素外，还含有油脂、单宁等。这些物质的存在，使涂层的附着力和外观质量受到影响。涂料对木制品表面的要求是平整光滑、少节疤、棱角整齐、木纹颜色一致等。因此，必须对木基层进行处理。

①基层处理

木基层的含水率不得大于12%；木材表面应平整，无尘土、油污等妨碍涂饰施工质量的污染物，施工前应用砂纸磨平。钉眼应用腻子填平，打磨光滑；木制品表面的缝隙、毛刺、掀岔及脂囊应进行处理，然后用腻子刮平、打光。较大的脂囊和节疤应剔除后，用木纹相同的木料修补；木料表面的树脂、单宁、色素等应清除干净。

②润粉

润粉是指在木质材料面的涂饰工艺中，采用填孔料以填平管孔并封闭基层和适当着色，同时可起到避免后续涂膜塌陷及节省涂料的作用。

③着色

为了更好地突出木材表面的美丽花纹，常采用基层着色工艺，即在木质基面上涂刷着色剂，着色分为水色、酒色和油色三种不同的做法。

（2）打磨

打磨工序是使用研磨材料对被涂物面进行研磨平整的过程，对于油漆涂层的平整光滑、附着力及被涂物面的棱角、线脚、外观质量等均有重要影响。常用的砂纸和砂布代号是根据磨料的粒径划分的，砂布代号数字越大则磨粒越粗；而砂纸则恰恰相反，代号越大则磨粒越细。

油漆涂饰的打磨操作，包括对基层的打磨、层间打磨，以及面层打磨。打磨方式又分为干磨与湿磨。打磨必须是在基层或漆膜干实后进行；水性腻子或不宜浸水的基层不能采用湿磨，但含铅的油漆涂料必须湿磨；漆膜坚硬不平或软硬相差较大时，须选用锋利的磨料打磨。干磨是指使用木砂纸、铁砂布、浮石等的一般研磨操作；湿磨则是为了防止漆膜打磨时受热变软而使漆尘黏附于磨粒间影响打磨效率与质量，故将砂纸（或浮石）蘸水或润滑剂进行研磨。

（3）配料

根据设计、样板或操作所需，将油漆饰面施工所需的原材料按配比调制的工序称为配料，如色漆调配，腻子调配，木质基层、填孔料及着色剂的调配等。配料在油漆涂饰施工中是一项重要的基本技术，它直接影响到涂施、漆膜质量和耐久性。此外，根据油漆涂料的应用特点，油漆技工常须对油漆的黏度（稠度）、品种性能等进行必要的调配，其中最基本的事项包括施工稠度的控制、油性漆的调配（油性漆易沉淀，使用时须加入清油等）、硝基漆韧性的调配（掺加适量增韧剂等）、醇酸漆油度的调配（面漆与底漆的调兑等）、无光色漆的调配（普通油基漆掺加适度颜料使漆膜平坦、光泽柔和且遮盖力强）等。

（4）涂刷面层

①涂刷涂料时，应做到横平竖直、纵横交错、均匀一致。在涂刷顺序上应先上后下、先内后外、先浅色后深色，按木纹方向理平理直。

②涂刷混色涂料，一般不少于4遍；涂刷清漆时，一般不少于5遍。

③当涂刷清漆时，在操作上应当注意色调均匀、拼色一致，表面不可显露刷纹。

## 二、裱糊施工

裱糊工程就是在墙面、顶棚表面用黏结材料把塑料壁纸、复合壁纸、墙布和绸缎等薄型柔性材料贴到上面，形成装饰效果的施工工艺。裱糊的基层可以是清水平整的混凝土面、抹灰面、石膏板面、纤维水泥加压板面等。但基层必须光滑、平整，无鼓包、凹坑、毛糙等现象，可用批刮腻子、砂纸磨平等方法处理。裱糊工序应待顶棚、墙面、门窗及建筑设备的油漆、刷浆工序完成后进行。

裱糊的工艺流程以基层、裱糊材料不同而工序不同。一般裱糊施工工艺流程：清扫基层→接缝处糊条→找补腻子、磨砂纸→满刮腻子，磨平→涂刷铅油一遍，涂刷底胶一遍→墙面画准线→壁纸浸水润湿→壁纸涂刷胶黏剂→基层涂刷胶黏剂→墙上纸裱糊→拼缝、搭接、对花→赶压胶黏剂、气泡→裁边→擦净挤出的胶液→清理修整。

### （一）裱糊顶棚壁纸

#### 1. 基层处理

首先将混凝土顶面的灰渣、浆点、污物等清刮干净，并用扫帚将粉尘扫净，满刮腻子一道。腻子的体积配合比为聚醋酸乙烯乳液：石膏或滑石粉：2%羧甲基纤维素溶液＝1：5：3.5。腻子干后磨砂纸，满刮第二遍腻子，待腻子干后用砂纸磨平、磨光。

#### 2. 吊直、套方、找规矩、弹线

应将顶面的对称中心线通过吊直、套方、找规矩的办法弹出中心线，以便从中间向两边对称控制。墙顶交接处的处理原则：凡有挂镜线的按挂镜线，没有挂镜线的则按设计要求弹线。

#### 3. 计算用料、裁纸

根据设计要求确定壁纸的粘贴方向，然后计算用料、裁纸。应按所量尺寸每边留出2~3 cm余量，如采用塑料壁纸，应在水槽内先浸泡2~3 min后拿出，抖去余水，将纸面用净毛巾沾干。

#### 4. 刷胶、糊纸

在纸的背面和顶棚的粘贴部位刷胶，应注意按壁纸宽度刷胶，不宜过宽，铺贴时应从中间开始向两边铺粘。第一张一定要按已弹好的线找直粘牢，应注意纸的两边各甩出1~2 cm不压死，以满足与第二张铺粘时拼花压槎对缝的要求。然后依上法铺粘第二张，两张纸搭接1~2 cm，用钢板尺比齐，两人将尺按紧，一人用劈纸刀裁切，随即将搭槎处两张纸条撕去，用刮板带胶将缝隙压实刮牢。随后将顶面两端阴角处用钢板尺比齐、拉直，用刮板及辊子压实，最后用湿毛巾将接缝处辊压出的胶痕擦净，依次进行。

#### 5. 修整

壁纸粘贴完后，应检查是否有空鼓不实之处，接槎是否平顺，有无翘曲现象，胶痕是否擦净，有无小包，表面是否平整，多余的胶是否清擦干净等，直至符合要求为止。

### （二）裱糊墙面壁纸

#### 1. 基层处理

如混凝土墙面，可根据原基层质量的好坏，在清扫干净的墙面上满刮1~2道石膏腻子，干后用砂纸磨平、磨光；若为抹灰墙面，可满刮大白腻子1~2道找平、磨光，但不可磨破灰皮；石膏板墙用嵌缝腻子将缝堵实堵严，粘贴玻璃网格布或丝绸条、绢条等，然

后局部刮腻子补平。

### 2. 吊垂直、套方、找规矩、弹线

应将房间四角的阴阳角通过吊垂直、套方、找规矩，并确定从哪个阴角开始按照壁纸的尺寸进行分块弹线控制（习惯做法是进门左阴角处开始铺贴第一张）。有挂镜线的按挂镜线，没有挂镜线的按设计要求弹线控制。

### 3. 计算用料、裁纸

按已量好的墙体高度放大 2~3 cm，按此尺寸计算用料、裁纸，一般应在案子上裁割，将裁好的纸用湿毛巾擦后，折好备用。

### 4. 刷胶、糊纸

应分别在纸上及墙上刷胶，其刷胶宽度应相吻合，墙上刷胶一次不应过宽。糊纸时从墙的阴角开始铺贴第一张，按已画好的垂直线吊直，并从上往下用手铺平，刮板刮实，并用小辊子将上、下阴角处压实。第一张粘好留 1~2 cm（应拐过阴角约 2 cm），然后粘铺第二张，依同法压平、压实，与第一张搭槎 1~2 cm，要自上而下对缝，拼花要端正，用刮板刮平，用钢板尺在第一、第二张搭槎处切割开，将纸边撕去，边槎处带胶压实，并及时将挤出的胶液用湿毛巾擦净，然后用同法将接顶、接踢脚的边切割整齐，并带胶压实。墙面上遇有电门、插销盒时，应在其位置上破纸作为标记。在裱糊时，阳角不允许甩槎接缝，阴角处必须裁纸搭缝，不允许整张纸铺贴，避免产生空鼓与皱褶。

### 5. 花纸拼接

纸的拼缝处花形要对接拼搭好，铺贴前应注意花形及纸的颜色力求一致，墙与顶壁纸的搭接应根据设计要求而定，一般有挂镜线的房间以挂镜线为界，无挂镜线的房间则弹线为准。花形拼接如出现困难时，错槎应尽量甩到不显眼的阴角处，大面不应出现错槎和花形混乱的现象。

### 6. 壁纸修整

糊纸后应认真检查，对墙纸的翘边翘角、气泡、皱褶及胶痕未擦净等，应及时处理和修整使之完善。

# 第六章 建筑工程施工过程质量控制

## 第一节 建筑工程施工准备阶段质量控制

### 一、技术准备质量控制

#### （一）施工图的审核质量控制

施工图是建筑物、设备、管线等工程对象的尺寸、布置、选用材料、构造、相互关系、施工及安装质量要求的详细图样和说明，是指导施工的直接依据，也是设计阶段质量控制的一个重点内容。因此，监理单位应重视对施工图的审核。施工图的审核主要由项目总监理工程师负责组织，各专业监理工程师进行具体工作，必要时应组织专家会审或邀请有关专业专家参加。各专业监理工程师应当审查设计单位提交的设计图和设计文件内容是否准确完整、符合编制深度的要求，特别是使用功能及质量要求是否满足设计文件和合同中关于质量目标的具体描述，并应提出书面的监理审核验收意见。如果不能满足要求，应监督设计单位予以修改后再进行审核验收。

**1. 监理工程师进行施工图审核的主要原则**

（1）是否符合有关部门对初步设计的审批要求。

（2）是否对初步设计进行了全面、合理的优化。

（3）安全可靠性、经济合理性是否有保证，是否符合工程总造价的要求。

（4）设计深度是否符合设计阶段的要求，是否满足使用功能和施工工艺的要求。

**2. 监理工程师进行施工图审核的主要内容**

按上述原则，监理工程师对施工图应主要审核以下内容：

（1）图样的规范性。

（2）建筑造型与立面设计。

（3）平面设计。

（4）空间设计。

（5）装修设计。

（6）结构设计。

（7）工艺流程设计。

（8）设备设计。

（9）水、电、自动控制等设计。

（10）城市规划、环境、消防、卫生等要求满足情况；各专业设计的协调一致情况。

（11）施工可行性；注意过分设计、不足设计两种极端情况。

## （二）作业技术交底的控制

承包单位做好技术交底是取得好的施工质量的条件之一。为此，每一分项工程开始实施前均要进行交底。作业技术交底是施工组织设计或施工方案的具体化，是更细致、明确、具体的技术实施方案，是工序施工或分项工程施工的具体指导文件。为做好技术交底，项目经理部必须由主管技术人员编制技术交底书，并经项目技术负责人批准。技术交底的内容包括施工方法、质量要求和验收标准，施工过程中须注意的问题，可能出现意外的措施及应急方案。技术交底要紧紧围绕与具体施工有关的操作者、机械设备、使用的材料、构配件、工艺、施工环境、具体管理措施等方面进行，交底书中要明确做什么、谁来做、如何做、作业标准和要求、什么时间完成等。

在关键部位、技术难度大、施工复杂的检验批和分项工程施工前，承包单位的技术交底书（作业指导书）要报监理工程师。经监理工程师审查后，如技术交底书不能保证作业活动的质量要求，承包单位要进行修改、补充。没有做好技术交底的工序或分项工程，不得进入正式实施阶段。

## （三）质量计划与施工组织设计的审查

### 1. 质量计划与施工组织设计

质量计划是质量策划结果的一项管理文件。对工程建设而言，质量计划是为完成预定的质量控制目标，针对特定的工程项目编制专门规定的质量措施、资源和活动顺序的文件。其作用是：对外作为针对特定工程项目的质量保证，对内作为针对特定工程项目质量管理的依据。

质量计划应包括：编制依据；项目概况；质量目标；组织机构；质量控制及管理组织协调的系统描述；必要的质量控制手段、检验和试验程序等；确定关键过程和特殊过程及作业的指导书；与施工过程相适应的检验、试验、测量、验证要求；更改和完善质量计划的程序等。

在国外的工程项目中，承包单位要提交施工计划及质量计划。施工计划是承包单位进行施工的依据，包括施工方法、工序流程、进度安排、施工管理及安全对策、环保对策等。在我国现行的施工管理中，施工承包单位要针对每一个特定的工程项目进行施工组织设计，以此作为施工准备和施工全过程的指导性文件。为确保工程质量，承包单位在施工组织设计中加入了质量目标、质量管理及质量保证措施等质量计划的内容。

**2. 施工组织设计的审查程序**

施工组织设计包含了质量计划的主要内容，因此，监理工程师对施工组织设计的审查也同时包括了对质量计划的审查。

（1）在工程项目开工前约定的时间内，承包单位必须完成施工组织设计的编制及内部自审批准工作，填写"施工组织设计（方案）报审表"报送项目监理机构。

（2）总监理工程师在约定的时间内，组织专业监理工程师审查并提出意见，然后由总监理工程师审核签认。需要承包单位修改时，由总监理工程师签发书面意见，退回承包单位修改后再报审，总监理工程师重新审查。

（3）已审定的施工组织设计由项目监理机构报送建设单位。

（4）承包单位应按审定的施工组织设计文件组织施工，如须对其内容做较大的变更，应在实施前将变更内容书面报送项目监理机构审核。

（5）规模大、结构复杂或属于新结构、特种结构的工程，项目监理机构对施工组织设计审查后，还应报送监理单位技术负责人审查，提出审查意见后由总监理工程师签发，必要时与建设单位协商，组织有关专业部门和有关专家会审。

（6）规模大、工艺复杂的工程、群体工程或分期出图的工程，经建设单位批准可分阶段报审施工组织设计；技术复杂或采用新技术的分项、分部工程，承包单位还应编制该分项、分部工程的施工方案，报项目监理机构审查。

# 二、组织准备质量控制

## （一）施工承包单位资质的核查

**1. 施工承包单位资质的分类**

国务院建设行政主管部门为了维护建筑市场的正常秩序，加强管理，保障承包单位的合法权益和保证工程质量，制定了建筑业企业资质等级标准。承包单位必须在规定的范围内进行经营活动，不得超范围经营。建设行政主管部门对承包单位的资质实行动态管理，建立相应的考核、资质升降及审查规定。

施工承包企业按照其承包工程的能力，划分为施工总承包、专业承包和劳务分包三个序列。这三个序列按照工程性质和技术特点分别划分为若干资质类别，各资质类别按照规定的条件划分为若干等级。

**2. 监理工程师对施工承包单位资质的审核**

（1）招投标阶段对承包单位资质的审查

①根据工程的类型、规模和特点，确定参与投标企业的资质等级，并取得招投标管理部门的认可。

②对符合参与投标规定的承包企业的考核。

a. 核对"营业执照"及"建筑业企业资质证书"，并了解其实际的建设业绩、人员素质、管理水平、资金情况、技术装备等。

b. 考核承包企业近期的表现，查对年检情况、资质升降级情况，了解其是否存在工程质量、施工安全、现场管理等方面的问题，了解企业管理的发展趋势、质量是否有上升趋势，选择向上发展的企业。

c. 查对近期承建的工程，实地参观考核工程质量情况及现场管理水平。在全面了解的基础上，重点考核与拟建工程类型、规模和特点相似或接近的工程。优先选取打造名牌优质工程的企业。

（2）对中标进场从事项目施工的承包企业质量管理体系的核查

①了解企业的质量意识、质量管理情况，重点了解企业质量管理的基础工作、工程项目管理和质量控制的情况。

②了解企业领导班子的质量意识及质量管理机构落实、质量管理权限实施的情况等。

③审查承包单位现场项目经理部的质量管理体系。

承包单位健全的质量管理体系，对于取得良好的施工效果具有重要作用，因此，监理工程师做好承包单位质量管理体系的审查工作，是搞好监理工作的重要环节，也是取得好的工程质量的重要条件。

a. 承包单位向监理工程师报送项目经理部的质量管理体系的有关资料，包括组织机构，各项制度，管理人员、专职质检员、特种作业人员的资格证、上岗证，实验室等。

b. 监理工程师对报送的相关资料进行审核，并进行实地检查。

c. 经审核，承包单位的质量管理体系满足工程质量管理的需要，总监理工程师予以确认；对于不合格的人员，总监理工程师有权要求承包单位予以撤换，对于不健全、不完善之处要求承包单位尽快整改。

## （二）施工现场劳动组织及作业人员上岗资格的控制

### 1. 施工现场劳动组织的控制

劳动组织涉及从事作业活动的操作者及管理者，以及相应的各种制度。

（1）操作人员充足

从事作业活动的操作者数量必须满足作业活动的需要，相应工种配置能保证作业有序持续进行，不能因人员数量及工种配置不合理而造成停顿。

（2）管理人员到位

作业活动的直接负责人（包括技术负责人），专职质检人员，安全员，与作业活动有关的测量人员、材料员、试验员必须在岗。

（3）相关制度要健全

如管理层及作业层各类人员的岗位职责；作业活动现场的安全、消防规定；作业活动中环保规定；实验室及现场试验检测的有关规定；紧急情况的应急处理规定等。同时要有相应措施及手段以保证制度、规定的落实和执行。

### 2. 作业人员上岗资格的控制

从事特种作业的人员（如电焊工、电工、起重工、架子工、爆破工等），必须持证上岗。对此，监理工程师要进行检查与核实。

# 三、物资准备质量控制

## （一）进场材料构配件的质量控制

1. 凡运到施工现场的原材料、半成品或构配件，进场前应向项目监理机构提交"工程材料/构配件/设备报审表"，同时附有产品出厂合格证及技术说明书，由施工承包单位按规定要求进行检验的检验报告或试验报告，经监理工程师审查并确认其质量合格后，方准进场。凡是没有产品出厂合格证明及检验不合格者，不得进场。如果监理工程师认为承包单位提交的有关产品合格证明的文件以及施工承包单位提交的检验报告或试验报告，仍不足以说明到场产品的质量符合要求时，监理工程师可以再行组织复检或见证取样试验，确认其质量合格后方允许进场。

2. 进口材料的检查、验收，应会同国家商检部门进行。如在检验中发现质量问题或数量不符合规定要求时，应取得供货方及商检人员签署的商务记录，在规定的索赔期内进行索赔。

3. 材料构配件存放条件的控制。质量合格的材料、构配件进场后，到其使用或安装时通常都要经过一定的时间间隔。在此时间内，如果对材料等的存放、保管不良，可能导致质量状况的恶化，如损伤、变质、损坏，甚至不能使用。因此，监理工程师对承包单位的材料、半成品、构配件的存放、保管条件及时间也应实行监控。

对于材料、半成品、构配件等，应当根据它们的特点、特性以及对防潮、防晒、防锈、防腐蚀、通风、隔热以及温度、湿度等方面的不同要求，安排适宜的存放条件，以保证其存放质量。例如，水泥的存放应当防止受潮，存放时间一般不宜超过 3 个月，以免受潮结块；硝铵炸药的湿度达 3% 以上时即易结块、拒爆，存放时应妥善防潮；胶质炸药（硝化甘油）冰点温度高（+13℃），冻结后极为敏感、易爆，存放温度应予以控制；某些化学原材料应当避光、防晒；某些金属材料及器材应防锈蚀等。

如果存放、保管条件不良，监理工程师有权要求施工承包单位加以改善并达到要求。对于按要求存放的材料，监理工程师在存入后每隔一定时间（例如一个月）可检查一次，随时掌握它们存放的质量情况。此外，材料、器材在使用前，也应经监理工程师对其质量再次检查确认后，方可允许使用；经检查质量不符合要求者（例如，水泥存放时间超过规定期限或受潮结块、强度等级降低），则不准使用，或降低等级使用。

4. 对于某些当地的材料及在现场配制的制品，一般要求承包单位事先进行试验，达到要求的标准方准施工。

除应达到规定的力学强度等指标外，还应注意以下方面的检验与控制：

（1）材料的化学成分。例如，使用开采、加工的天然卵石或碎石作为混凝土粗骨料时，其内在的化学成分至关重要，因为如果其中含有无定形氧化硅（如蛋白石、白云石、燧石等），且水泥中的含碱（$Na_2O$，$K_2O$）量也较高（>0.6%），则混凝土中将发生化学反应生成碱-桂酸凝胶（碱-骨料反应），并吸水膨胀，导致混凝土开裂。

（2）充分考虑施工现场的加工条件与设计、试验条件不同而可能导致的材料或半成品质量差异。例如，某工程混凝土所用的沙是由当地的河沙，经过现场加工清洗后使用，按原设计的混凝土配合比进行混凝土试配，其单位体积重量指标值达不到设计要求的标准。究其原因，是现场清洗加工工艺条件使加工后的沙料组成发生了较大变化，其中，细沙部分流失量较大，这与设计阶段进行室内配合比试验时所用的沙组分有较大的差异，因而导致混凝土密度指标值达不到原设计要求。这样，就需要先找出原因，设法妥善解决（例如，调整配合比、改进加工工艺等），并经监理工程师认可后方可允许进行施工。

### （二）进场施工机械设备性能及工作状态的控制

#### 1. 施工机械设备的进场检查

机械设备进场前，承包单位应向项目监理机构报送进场设备清单，列出进场机械设备的型号、规格、数量、技术性能（技术参数）、设备状况、进场时间。机械设备进场后，根据承包单位报送的清单，监理工程师进行现场核对——是否与施工组织设计中所列的内容相符。

#### 2. 机械设备工作状态的检查

监理工程师应审查作业机械的使用、保养记录，检查其工作状况；重要的工程机械，例如，大功率推土机、大型凿岩设备、路基碾压设备等，应在现场实际复验（如开动、行走等），以保证投入作业的机械设备状态良好。监理工程师还应经常了解施工作业中机械设备的工作状况，防止带病运行。若监理工程师发现机械设备存在问题，应责令承包单位及时修理，以保持良好的作业状态。

#### 3. 特殊设备安全运行的审核

对于现场使用的塔式起重机及有特殊安全要求的设备，在使用前必须经过当地劳动安全部门的鉴定，符合要求并办好相关手续后方可允许承包单位投入使用。

#### 4. 大型临时设备的检查

在跨越大江大河的桥梁施工中，经常会涉及承包单位在现场组装的大型临时设备，如轨道式门式起重机、悬灌施工中的挂篮、梁式起重机、吊索塔架、缆索起重机等。这些设备使用前，承包单位必须取得本单位上级安全主管部门的审查批准，办好相关手续后，监理工程师方可批准投入使用。

## 四、现场准备质量控制

### （一）工程定位及标高基准控制

工程施工测量放线是建设工程产品由设计转化为实物的第一步。施工测量质量的好坏，直接影响工程产品的综合质量，并且制约着施工过程中有关工序的质量。例如，测量控制基准点或标高有误，会导致建筑物或结构的位置或高程出现误差，从而影响整体质量；又如，长隧道采用两端或多端同时掘进时，若洞的中心线测量失准，则会造成不能准确对接的质量问题；再如，永久设备的基础预埋件定位测量失准，则会造成设备难以正确安装的质量问题等。因此，工程测量控制可以说是施工前质量控制的一项基础工作，它是施工准备阶段的一项重要内容。监理工程师应将其作为保证工程质量的一项重要内容，在监理工作中，应由测量专业监理工程师负责工程测量的复核控制工作。

1. 监理工程师应要求施工承包单位对建设单位（或其委托的单位）给定的原始基准点、基准线和标高等测量控制点进行复测，并将复测结果报监理工程师审核，经批准后施工承包单位只能据此进行准确的测量放线，建立施工测量控制网，并应对其正确性负责，同时做好基桩的保护。

2. 复测施工测量控制网。在工程总平面图上，各种建筑物或构筑物的平面位置是用施工坐标系统的坐标来表示的。施工测量控制网的初始坐标和方向，一般是根据测量控制点测定的，测定好建筑物的长向主轴线即可作为施工平面控制网的初始方向，以后在控制网加密或建筑物定位时，不再用控制点定向，以免使建筑物发生位移及偏转。复测施工测量控制网时，应抽检建筑方格网、控制高程的水准网点以及标桩埋设位置等。

### （二）施工平面布置的控制

为了保证承包单位能够顺利地施工，监理工程师应督促建设单位按照合同约定并结合承包单位施工需要，事先划定并提供给承包单位占有和使用现场有关部分的范围。如果在现场的某一区域内需要不同的施工承包单位同时或先后施工、使用，就应根据施工总进度计划的安排，规定他们各自占用的时间和先后顺序，并在施工总平面图中详细注明各工作区的位置及占用顺序，监理工程师要检查施工现场总体布置是否合理，是否有利于保证施工的正常、顺利进行，是否有利于保证质量，要特别重视场区道路、防洪排水、器材存放、给水及供电、混凝土供应及主要垂直运输机械设备布置等方面。

### （三）材料构配件采购订货的控制

工程所需的原材料、半成品、构配件等都将构成永久性工程的组成部分。所以，它们的质量好坏直接影响未来工程产品的质量，因此需要事先对其质量进行严格控制。

1. 凡由承包单位负责采购的原材料、半成品或构配件，在采购订货前应向监理工程师申报；对于重要的材料，还应提交样品，供试验或鉴定，有些材料则要求供货单位提交理化试验单（如预应力钢筋的硫、磷含量等），经监理工程师审查认可后，方可进行订货采购。

2. 对于半成品或构配件，应按经过审批认可的设计文件和图样要求采购订货，质量应满足有关标准和设计的要求，交货期应满足施工及安装进度安排的需要。

3. 供货厂家是制造材料、半成品、构配件的主体，所以通过考查优选合格的供货厂家是保证采购、订货质量的前提。为此，大宗的器材或材料的采购应当实行招标采购的方式。

4. 对于半成品和构配件的采购、订货，监理工程师应提出明确的质量要求、质量检测项目及标准、出厂合格证或产品说明书等质量文件的要求，以及是否需要权威性的质量认证等。

5. 某些材料，诸如瓷砖等装饰材料，订货时最好一次订齐且备足货源，以免在分层抽样时出现色泽不一等质量问题。

6. 供货方应向需方（订货方）提供质量文件，用以表明其提供的货物能够完全达到需方提出的质量要求。质量文件也是承包单位（当承包单位负责采购时）将来在工程竣工时应提供竣工文件的组成部分，用以证明工程项目所用的材料或构配件等的质量符合要求。

质量文件主要包括：产品合格证及技术说明书，质量检验证明，检测与试验者的资格证明，关键工序操作人员资格证明及操作记录（例如，大型预应力构件的张拉应力工艺操作记录）；不合格品或质量问题处理的说明及证明，有关图样及技术资料；必要时，还应附有权威性认证资料。

## （四）施工机械配置的控制

1. 施工机械设备的选择，除应考虑施工机械的技术性能、工作效率、工作质量、可靠性及维修难易、能源消耗，以及安全、灵活等方面对施工质量的影响与保证外，还应考虑其数量配置对施工质量的影响与保证条件。例如，为保证混凝土连续浇筑，应备有足够的搅拌机和运输设备；在一些城市建筑施工中，有防止噪声的限制，必须采用静力压桩等。此外，要注意设备型号应与施工对象的特点及施工质量要求相适应。例如，对于黏性土的压实，可以采用羊足碾压路机进行分层碾压；但对于砂性土的压实，则宜采用振动压路机等类型的机械。在选择机械性能参数方面，也要与施工对象特点及质量要求相适应，例如，选择起重机械进行吊装施工时，其起重量、起重高度及起重半径均应满足吊装要求。

2. 审查施工机械设备的数量是否足够。例如，在进行就地灌注桩施工时，是否有备用的混凝土搅拌机和振捣设备，以防止由于机械发生故障使混凝土浇筑工作中断，造成断桩质量事故等。

3. 审查所需的施工机械设备是否按已批准的计划备妥。所准备的机械设备是否与监理工程师审查认可的施工组织设计或施工计划中所列者相一致；所准备的施工机械设备是否都处于完好可用的状态等。对于与批准的计划中所列施工机械不一致者，或机械设备的类型、规格、性能不能保证施工质量者，以及维护修理不良，不能保证良好的可用状态者，都不准使用。

### （五）分包单位资质的审核确认

保证分包单位的资质是保证工程施工质量的一个重要环节和前提。因此，监理工程师应对分包单位资质进行严格审核。

#### 1. 分包单位提交"分包单位资质报审表"

总承包单位选定分包单位后，应向监理工程师提交"分包单位资质报审表"，其内容一般应包括以下三方面：

（1）关于拟分包工程的情况，说明拟分包工程名称（部位）、工程数量、拟分包合同额、分包工程占全部工程额的比例等。

（2）关于分包单位的基本情况，包括该分包单位的企业简介资质材料、技术实力；企业过去的工程经验与业绩；企业的财务资本状况；施工人员的技术素质和条件等。

（3）分包协议草案，包括总承包单位与分包单位之间责、权、利；分包项目的施工工艺；分包单位设备和到场时间、材料供应；总包单位的管理责任等。

#### 2. 监理工程师审查总承包单位提交的"分包单位资质报审表"

审查时，主要是审查施工承包合同是否允许分包，分包的范围和工程部位是否可进行分包，分包单位是否具有按工程承包合同规定的条件完成分包工程任务的能力。如果认为该分包单位不具备分包条件，则不予批准。若监理工程师认为该分包单位基本具备分包条件，则应在进一步调查后由总监理工程师予以书面确认。审查、控制的重点一般是分包单位施工组织者、管理者的资格与质量管理水平，特殊专业工种和关键施工工艺或新技术、新工艺、新材料等应用方面操作者的素质与能力。

#### 3. 对分包单位进行调查

调查的目的是核实总承包单位申报的分包单位情况是否属实。如果监理工程师对调查结果满意，则总监理工程师应以书面形式批准该分包单位承担分包业务。总承包单位收到监理工程师的批准通知后，应尽快与分包单位签订分包协议，并将协议副本报送监理工程师备案。

### （六）设计交底与施工图的现场核对

在施工阶段，设计文件是监理工作的依据。因此，监理工程师应认真参加由建设单位主持的设计交底工作，以便透彻地了解设计原则及质量要求；同时，要督促承包单位认真做好审核及图样核对工作，对于审图过程中发现的问题，应及时以书面形式报告给建设单位。

**1. 监理工程师参加设计交底应着重了解的内容**

（1）有关地形、地貌、水文气象、工程地质及水文地质等自然条件。

（2）主管部门及其他部门（如规划、环保、农业、交通、旅游等部门）对本工程的要求、设计单位采用的主要设计规范、市场供应的建筑材料情况等。

（3）设计意图方面：设计思想、设计方案比选的情况、基础开挖及基础处理方案、结构设计意图、设备安装和调试要求、施工进度与工期安排等。

（4）施工应注意事项方面：基础处理的要求、对建筑材料方面的要求、主体工程设计中采用新结构或新工艺对施工提出的要求、为实现进度安排而应采用的施工组织和技术保证措施等。

**2. 施工单位应进行施工图的现场核对**

施工图是工程施工的直接依据，为了使施工承包单位充分了解工程特点、设计要求，减少图样的差错，确保工程质量，减少工程变更，施工承包单位应做好施工图的现场核对工作。

施工图的现场核对主要包括以下八个方面：

（1）施工图合法性的认定：施工图是否经设计单位正式签署，是否按规定经有关部门审核批准，是否得到建设单位的同意。

（2）图样与说明书是否齐全，若分期出图，图样供应是否满足需要。

（3）地下构筑物、障碍物、管线是否探明并标注清楚。

（4）图样中有无遗漏、差错，或相互矛盾之处（例如，漏画螺栓孔、漏列钢筋明细表；尺寸标注有错误、平面图与相应的剖面图相同部位的标高不一致；工艺管道、电气线路、设备装置等相互干扰、矛盾）；图样的标示方法是否清楚和符合标准（例如，对预埋件、预留孔的表示以及钢筋构造要求是否清楚）等。

（5）工程地质及水文地质条件等基础资料是否充分、可靠，地形、地貌资料与现场实际情况是否相符。

（6）所需材料的来源有无保证，能否替代；新材料、新技术的采用有无问题。

（7）提出的施工工艺、方法是否合理，是否切合实际，是否存在不便施工之处，能否保证质量要求。

（8）施工图或说明书中所涉及的各种标准、图册、规范、规程等，承包单位是否具备。

对于存在的问题，要求承包单位以书面形式提出，在设计单位以书面形式进行解释或确认后，才能进行施工。

## （七）严把开工关

在总监理工程师向承包单位发出开工通知书时，建设单位即应及时保证质量地提供承包单位所需的场地和施工通道以及水、电供应等条件，以确保及时开工，防止承担补偿工期和费用损失的责任。为此，监理工程师应事先检查工程施工所需的场地征用情况，道路和水、电开通情况；若不具备相应条件，监理工程师应敦促建设单位努力实现。

总监理工程师对于与拟开工工程有关的现场各项施工准备工作进行检查并确认合格后，方可发布书面的开工指令。对于已停工程，则须有总监理工程师的复工指令方能复工。对于合同中所列工程及工程变更的项目，承包单位必须在开工前提交"工程开工报审表"，经监理工程师审查上述各方面条件具备并由总监理工程师予以批准后，承包单位才能开始施工。

# 第二节　建筑工程施工阶段质量控制

## 一、施工过程的质量控制点

### （一）选择质量控制点的一般原则

可作为质量控制点的对象涉及面广，它可能是技术要求高、施工难度大的结构部位，也可能是影响质量的关键工序、操作或某一环节。总之，结构部位、影响质量的关键工序、操作、施工顺序、技术、材料、机械、自然条件、施工环境等均可作为质量控制点来控制。

概括地说，应当选择保证质量难度大、对质量影响大或者发生质量问题时危害大的对象作为质量控制点。

1. 施工过程中的关键工序或环节以及隐蔽工程，例如，预应力结构的张拉工序，钢筋混凝土结构中的钢筋架立。

2. 施工中的薄弱环节，或质量不稳定的工序、部位或对象，例如，地下防水层施工。

3. 对后续工程施工或对后续工序质量或安全有重大影响的工序、部位或对象，例如，预应力结构中的预应力钢筋质量、模板的支撑与固定等。

4. 采用新技术、新工艺、新材料的部位或环节。施工上无足够把握、施工条件困难或技术难度大的工序或环节，例如，复杂曲线模板的放样等。

显然，是否设置为质量控制点，主要是视其对质量特性影响的大小、危害程度以及其质量保证的难度大小而定。

## （二）作为质量控制点重点控制的对象

1. 人的行为。对某些作业或操作，应以人为重点进行控制。例如，高空、高温、水下、危险作业等，对人的身体素质或心理应有相应的要求；技术难度大或精度要求高的作业，如复杂模板放样，精密、复杂的设备安装，以及重型构件吊装等对人的技术水平均有相应的要求。

2. 物的质量与性能。施工设备和材料是直接影响工程质量和安全的主要因素，对某些工程尤为重要，常作为控制的重点。例如，基础的防渗灌浆，灌浆材料细度及可灌性、作业设备的质量、计量仪器的质量都是直接影响灌浆质量和效果的主要因素。

3. 关键的操作。例如，预应力钢筋的张拉工艺操作过程及张拉力的控制，是可靠地建立预应力值和保证预应力构件质量的关键。

4. 施工技术参数。例如，对填方路堤进行压实时，对填土含水量等参数的控制是保证填方质量的关键；对于岩基水泥灌浆，灌浆压力和吃浆率是质量控制的重点；冬期施工混凝土受冻临界强度等技术参数是质量控制的重要指标。

5. 施工顺序。对于某些工作必须严格作业之间的顺序。例如，对于冷拉钢筋应当先对焊、后冷拉，否则会失去冷强；对于屋架固定一般应采取对角同时施焊，以免焊接应力使已校正的屋架发生变位等。

6. 技术间歇。有些作业之间需要有必要的技术间歇时间，例如，砖墙砌筑后与抹灰工序之间，以及抹灰与粉刷或喷涂之间，均应保证有足够的间歇时间；混凝土浇筑后至拆模之间也应保持一定的间歇时间；混凝土大坝坝体分块浇筑时，相邻浇筑块之间也必须保持足够的间歇时间等。

7. 由于缺乏经验，施工时新工艺、新技术、新材料的应用可作为重点进行严格控制。产品质量不稳定、不合格率较高及易发生质量通病的工序应列为重点，仔细分析、严格控制。例如，防水层的敷设、供水管道接头的渗漏等。

8. 易对工程质量产生重大影响的施工方法。例如，液压滑模施工中的支承杆失稳问题、升板法施工中提升差的控制等，一旦施工不当或控制不严，都可能引起重大质量事故，所以也应作为质量控制的重点。

9. 特殊地基或特种结构。例如，大孔性湿陷性黄土、膨胀土等特殊土地基的处理，大跨度和超高结构等难度大的施工环节和重要部位等都应予特别重视。

总之，质量控制点的选择要准确、有效。为此，一方面需要有经验的工程技术人员来进行选择；另一方面也要集思广益，集中群体智慧由有关人员充分讨论，在此基础上进行选择。选择时要根据对重要的质量特性进行重点控制的要求，选择质量控制的重点部位、重点工序和重点质量因素作为质量控制点，进行重点控制和预控，这是进行质量控制的有效方法。

### （三）质量预控对策的检查

工程质量预控是指针对所设置的质量控制点或分部、分项工程，事先分析施工中可能发生的质量问题和隐患，分析可能产生的原因，并提出相应的对策，采取有效的措施进行预先控制，以防在施工中发生质量问题。

质量预控及对策的表达方式主要有以下形式：

文字表达；表格形式表达；解析图形式表达。

## 二、作业技术活动运行过程的质量控制

### （一）承包单位自检与专检工作的监控

#### 1. 承包单位的自检系统

承包单位是施工质量的直接实施者和责任者。监理工程师的质量监督与控制就是使承包单位建立起完善的质量自检体系并有效运转。

承包单位的自检体系表现在以下三点：

（1）作业活动的作业者在作业结束后必须自检。

（2）不同工序交接、转换必须由相关人员交接检查。

（3）承包单位专职质检员的专检。

为实现上述三点，承包单位必须有整套的制度及工作程序，具有相应的试验设备及检测仪器，配备数量满足需要的专职质检人员及试验检测人员。

#### 2. 监理工程师的检查

监理工程师的质量检查与验收是对承包单位作业活动质量的复核与确认；监理工程师的检查绝不能代替承包单位的自检，而且，监理工程师的检查必须在承包单位自检并确认合格的基础上进行。若专职质检员没检查或检查不合格则不能报监理工程师。对不符合上述规定的情况，监理工程师一律拒绝进行检查。

## （二）见证取样送检工作监控

### 1. 见证取样的工作程序

（1）工程项目施工开始前，项目监理机构要督促承包单位尽快落实见证取样的送检实验室。对于承包单位提出的实验室，监理工程师要进行实地考察。进行试验的机构一般是和承包单位没有行政隶属关系的第三方。实验室要具有相应的资质，并经国家或地方计量、试验主管部门认证，试验项目应满足工程需要，实验室出具的报告对外具有法定效力。

（2）项目监理机构要将选定的实验室到负责本项目的质量监督机构备案并得到认可，同时要将项目监理机构中负责见证取样的监理工程师在该质量监督机构备案。

（3）承包单位在对进场材料、试块、试件、钢筋接头等实施见证取样前要通知负责见证取样的监理工程师，并在该监理工程师现场监督下，按相关规范的要求完成材料、试块、试件等的取样过程。

（4）完成取样后，承包单位将送检样品装入木箱，由监理工程师加封，不能装入箱中的试件，如钢筋样品、钢筋接头等，则贴上专用的加封标志，然后送往实验室。

### 2. 实施见证取样的要求

（1）实验室要具有相应的资质并进行备案、认可。

（2）负责见证取样的监理工程师要具有材料、试验等方面的专业知识，并且要取得从事监理工作的上岗资格（一般由专业监理工程师负责从事此项工作）。

（3）承包单位从事取样的人员一般应是实验室人员，或由专职质检人员担任。

（4）送往实验室的样品，要填写"送验单"，送验单要盖有"见证取样"专用章，并有见证取样监理工程师的签字。

（5）实验室出具的报告一式两份，分别由承包单位和项目监理机构保存，并作为归档材料，是工序产品质量评定的重要依据。

（6）见证取样的频率，国家或地方主管部门有规定的，执行相关规定；施工承包合同中如有明确规定的，执行施工承包合同的规定。见证取样的频率和数量，包括在承包单位自检范围内，一般所占比例为30%。

（7）见证取样的试验费用由承包单位支付。实行见证取样，绝不能代替承包单位在材料、构配件进场时必须进行的自检。自检频率和数量要按相关规范要求执行。

## （三） 工程变更监控

### 1. 施工承包单位的要求及处理

在施工过程中，承包单位提出的工程变更要求可能有：①要求做某些技术修改；②要求做设计变更。

（1）对技术修改要求的处理

技术修改是指承包单位根据施工现场具体条件和自身的技术、经验和施工设备等条件，在不改变原设计图和技术文件的前提下，提出的对设计图和技术文件的某些技术上的修改要求。例如，对某种规格的钢筋采用替代规格的钢筋、对基坑开挖边坡的修改等。

承包单位提出技术修改的要求时，应向项目监理机构提交"工程变更单"，在该表中说明要求修改的内容及原因，并附图和有关文件。

技术修改问题一般可以由专业监理工程师组织承包单位和现场设计代表参加，经各方同意后签字并形成纪要，作为"工程变更单"的附件，经总监理批准后实施。

（2）对工程变更的要求

这种变更是指施工期间，对于设计单位在设计图和设计文件中所表达的设计标准状态的改变和修改。

首先，承包单位应就要求变更的问题填写"工程变更单"，送交项目监理机构。总监理工程师根据承包单位的申请，与设计、建设、承包单位研究并做出变更的决定后，签发"工程变更单"，并应附有设计单位提出的变更设计图。承包单位签收后按变更后的图样施工。

总监理工程师在签发"工程变更单"之前，应就工程变更引起的工期改变及费用的增减分别与建设单位和承包单位进行协商，力求达到双方均能同意的结果。

这种变更，一般均会涉及设计单位重新出图的问题。

如果变更涉及结构主体及安全，该工程变更还要按有关规定报送施工图原审查单位进行审批，否则变更不能实施。

### 2. 设计单位提出变更的处理

（1）设计单位首先将《设计变更通知》及有关附件报送建设单位。

（2）建设单位会同监理、施工承包单位对设计单位提交的《设计变更通知》进行研究，必要时设计单位尚须提供进一步的资料，以便对变更做出决定。

（3）总监理工程师签发工程变更单，并将设计单位发出的《设计变更通知》作为该工程变更单的附件，施工承包单位按新的变更图实施。

### 3. 建设单位（监理工程师）要求变更的处理

（1）建设单位（监理工程师）将变更的要求通知设计单位，如果在要求中包含相应的方案或建议，则应一并报送设计单位；否则，变更要求由设计单位研究解决。在提供审查的变更要求中，应列出所有受该变更影响的图样、文件清单。

（2）设计单位对工程变更单进行研究。如果在"变更要求"中附有建议或解决方案，设计单位应对建议或解决方案的所有技术方面进行审查，并确定它们是否符合设计要求和实际情况，然后书面通知建设单位，说明设计单位对该解决方案的意见，并将与该修改变更有关的图样、文件清单返回给建设单位，说明自己的意见。如果该工程变更单未附有建议的解决方案，则设计单位应对该要求进行详细的研究，并提出自己对该变更的建议方案，提交建设单位。

（3）根据建设单位的授权，监理工程师研究设计单位所提交的建议设计变更方案或其对变更要求所附方案的意见，必要时会同有关的承包单位和设计单位一起进行研究，也可进一步提供资料，以便对变更做出决定。

（4）在建设单位做出变更的决定后由总监理工程师签发工程变更单，指示承包单位按变更的决定组织施工。

应当指出的是：监理工程师对于无论哪一方提出的现场工程变更要求，都应持十分谨慎的态度。除非是原设计不能保证质量要求，或确有错误，以及无法施工或非改不可之外，一般情况下即使变更要求可能在技术经济上是合理的，也应全面考虑，将变更以后所产生的效益（质量、工期、造价）与现场变更引起的承包单位要求索赔等产生的损失加以比较，权衡轻重后再做出决定，因为往往这种变更并不一定能达到预期的愿望和效果。

须注意的是：在工程施工过程中，无论是建设单位或者施工及设计单位提出的工程变更或图样修改，都应通过监理工程师审查并经有关方面研究，确认其必要性后，由总监理工程师发布变更指令方能生效并予以实施。

### （四）级配管理质量监控

#### 1. 拌和原材料的质量控制

使用的原材料除材料本身质量要符合规定要求外，材料本身的级配也必须符合相关规定。例如，粗骨料的粒径级配曲线，以及细集料的级配曲线要在规定的范围内。

#### 2. 材料配合比的审查

根据设计要求，承包单位首先进行理论配合比设计，进行试配试验后，确认 2~3 个能满足要求的理论配合比提交监理工程师审查。报送的理论配合比必须附有原材料的质量证明资料（现场复验及见证取样试验报告）现场试块抗压强度报告及其他必需的资料。

监理工程师经审查确认其符合设计及相关规范的要求后予以批准。以混凝土配合比审查为例，应重点审查水泥品种、水泥最大用量；粉煤灰掺入量、水灰比、坍落度、配制强度；使用的外加剂、砂的细度模数、粗骨料的最大粒径限制等。

**3. 现场作业的质量控制**

（1）拌和设备状态、相关拌和料计量装置及衡器的检查。

（2）投入使用的原材料（如水泥、砂、外加剂、水、粉煤灰、粗骨料）的现场检查。主要检查其是否与批准的配合比一致。

（3）现场作业实际配合比是否符合理论配合比，当作业条件发生变化时是否及时进行了调整。例如，混凝土工程中，雨后开盘生产混凝土，砂的含水率发生了变化，对水灰比是否及时进行调整等。

（4）对现场所做的调整应按技术复核的要求和程序执行。在现场实际投料拌制时，应做好看板管理。

## （五）计量工作质量监控

1. 施工过程中使用的计量仪器、检测设备、称重衡器的质量控制。

2. 从事计量作业人员技术水平资格的审核，尤其是现场从事施工测量的测量工，从事试验、检测的试验工。

3. 现场计量操作的质量控制。作业者的实际作业质量直接影响作业效果，计量作业现场的质量控制主要是检查操作方法是否得当。例如，对仪器的使用、数据的判读、数据的处理及整理方法，及对原始数据的检查。在抽样检测中，现场检测取点、检测仪器的布置是否正确、合理，检测部位是否有代表性，能否反映真实的质量状况，也是检查的内容，如在路基压实度检查中，如果检查点只在路基中部选取，就不能如实反映实际情况，故必须在路肩、路基中部均有检测点。

# 第三节　建设工程竣工验收阶段质量控制

## 一、施工质量验收的划分

### （一）单位工程的划分

1. 具备独立施工条件并能形成独立使用功能的建筑物及构筑物为一个单位工程。

2. 规模较大的单位工程，可将其能形成独立使用功能的部分划分为子单位工程。

3. 室外工程可根据专业类别和工程规模划分单位（子单位）工程。

子单位工程的划分一般可根据工程的建筑设计分区、使用功能的显著差异、结构缝的设置等实际情况，在施工前由建设、监理、施工单位自行商定，并据此收集整理施工技术资料和验收。

### （二）分部工程的划分

1. 分部工程的划分应按专业性质、建筑部位确定。例如，建筑工程划分为地基与基础、主体结构、建筑装饰装修、建筑屋面、建筑给水排水及采暖、建筑电气、智能建筑、通风与空调、电梯九个分部工程。

2. 当分部工程较大或较复杂时，可按施工程序、专业系统及类别等划分为若干个子分部工程。

### （三）分项工程的划分

分项工程应按主要工种、材料、施工工艺、设备类别等进行划分。例如，混凝土结构工程中按主要工种分为模板工程、钢筋工程、混凝土工程等分项工程；按施工工艺又分为预应力、现浇结构、装配式结构等分项工程。

### （四）检验批的划分

检验批可根据施工及质量控制和专业验收需要按楼层、施工段、变形缝等进行划分。

## 二、建设工程施工质量验收

### （一）检验批质量验收

检验批合格质量应符合下列规定：

1. 主控项目和一般项目的质量经抽样检验合格。

2. 具有完整的施工操作依据、质量检查记录。

检验批是工程验收的最小单位，是分项工程乃至整个建筑工程质量验收的基础。检验批是施工过程中条件相同并有一定数量的材料、构配件或安装项目，由于其质量基本均匀一致，因此，可以作为检验的基础单位，并按批验收。

质量控制资料反映了检验批从原材料到最终验收的各施工工序的操作依据、检查情况以及保证质量所必需的管理制度等。对其完整性的检查，实际是对过程控制的确认，这是检验批合格的前提。

检验批的质量是否合格主要取决于对主控项目和一般项目的检验结果。主控项目是对检验批的基本质量起决定性影响的检验项目，因此，必须全部符合有关专业工程验收规范的规定。这意味着主控项目不允许有不符合要求的检验结果，即这种项目的检查具有否决权。鉴于主控项目对基本质量的决定性影响，从严要求是必需的。

### （二）分项工程质量验收

分项工程质量验收合格应符合下列规定：

1. 分项工程所含的检验批均应符合合格质量的规定。

2. 分项工程所含的检验批的质量验收记录应完整。

分项工程的验收在检验批的基础上进行。一般情况下，分项工程和检验批具有相同或相近的性质，只是批量的大小不同。因此，将有关的检验批汇集构成分项工程。分项工程质量合格的条件比较简单，只要构成分项工程的各检验批的验收资料文件完整，并且均已验收合格，则分项工程验收合格。

### （三）分部（子分部）工程质量验收

分部（子分部）工程质量验收合格应符合下列规定：

1. 分部（子分部）工程所含工程的质量均应验收合格。

2. 质量控制资料应完整。地基与基础、主体结构和设备安装等分部工程有关安全及功能的检验和抽样检测结果应符合有关规定。

3. 观感质量验收应符合要求。

分部工程的验收在其所含各分项工程验收的基础上进行。本条给出了分部工程验收合格的条件。

首先，分部工程的各分项工程必须已验收合格，且相应的质量控制资料文件必须完整，这是验收的基本条件。此外，由于各分项工程的性质不尽相同，因此，作为分部工程不能简单地组合而加以验收，尚须增加以下两类检查项目：

涉及安全和使用功能的地基基础、主体结构、有关安全及重要使用功能的安装分部工程，应进行有关见证取样送样试验或抽样检测。对于观感质量验收，这类检查往往难以定量，只能以观察、触摸或简单量测的方式进行，并结合个人的主观判断，检查结果并不给出"合格"或"不合格"的结论，而是综合给出质量评价。对于"差"的检查点应通过返修处理等方式补救。

（四）单位（子单位）工程质量验收

单位（子单位）工程质量验收合格应符合下列规定：

1. 单位（子单位）工程所含分部（子分部）工程的质量均应验收合格。

2. 质量控制资料应完整。

3. 单位（子单位）工程所含分部（子分部）工程有关安全和功能的检测资料应完整。

4. 主要功能项目的抽查结果应符合相关专业质量验收规范的规定。观感质量验收应符合要求。

单位工程质量验收也称为质量竣工验收，是建筑工程投入使用前的最后一次验收，也是最重要的一次验收。验收合格的条件如下：

1. 构成单位工程的各分部工程应该合格。

2. 有关的资料文件应完整。

3. 涉及安全和使用功能的分部工程应进行检验资料的复查。不仅要全面检查其完整性（不得有漏检缺项），而且对分部工程验收时补充进行的见证抽样检验报告也要复核。这种强化验收的手段体现了对安全和主要使用功能的重视。

4. 对主要使用功能还须进行抽查。使用功能的检查是对建筑工程和设备安装工程最终质量的综合检验，也是用户最为关心的内容。因此，在分项、分部工程验收合格的基础上，竣工验收时再做全面检查。参加验收的各方人员在检查资料文件的基础上商定抽查项目，并通过计量、计数的抽样方法确定检查部位。检查要求按有关专业工程施工质量验收标准要求进行。

5. 由参加验收的各方人员共同进行观感质量检查，最后共同确定是否验收。检查的方法、内容、结论等已在分部工程的相应部分中阐述。

## 三、施工质量验收的程序和组织

（一）检验批及分项工程的验收程序和组织

检验批及分项工程应由监理工程师（建设单位项目技术负责人）组织施工单位项目专业质量（技术）负责人等进行验收。

检验批和分项工程是建筑工程质量的基础，因此，所有检验批和分项工程均应由监理工程师或建设单位项目技术负责人组织验收。验收前，施工单位先填好"检验批和分项工程的质量验收记录"（有关监理记录和结论不填），并由项目专业质量检验员和项目专业技术负责人分别在"检验批和分项工程质量检验记录"中相关栏目签字，然后由监理工程师组织，严格按规定程序进行验收。

## （二）分部工程的验收程序和组织

分部工程应由总监理工程师（建设单位项目负责人）组织施工单位项目负责人和技术、质量负责人等进行验收；地基与基础、主体结构分部工程的勘察、设计单位工程项目负责人和施工单位技术、质量部门负责人也应参加相关分部工程的验收。

## （三）单位（子单位）工程的验收程序和组织

### 1. 竣工初验收的程序

当单位工程达到竣工验收条件后，施工单位应在自查、自评工作完成后，填写工程竣工报验单，并将全部竣工资料报送项目监理机构，申请竣工验收。总监理工程师应组织各专业监理工程师对竣工资料及各专业工程的质量情况进行全面检查，对检查出的问题，应督促施工单位及时整改，对需要进行功能试验的项目（包括单机试车和无负荷试车），监理工程师应督促施工单位及时进行试验，并对重要项目进行监督、检查，必要时请建设单位和设计单位参加；监理工程师应认真审查试验报告单并督促施工单位搞好成品保护和现场清理。

经项目监理机构对竣工资料及实物全面检查、验收合格后，由总监理工程师签署工程竣工报验单，并向建设单位提出质量评估报告。

### 2. 正式验收

建设单位收到工程验收报告后，应由建设单位（项目）负责人组织施工（含分包单位）、设计、监理等单位（项目）负责人进行单位（子单位）工程验收。单位工程由分包单位施工时，分包单位对所承包的工程项目应按规定的程序检查评定，总包单位应派人参加。分包工程完成后，应将工程有关资料交总包单位。建设工程经验收合格后方可交付使用。

建设工程竣工验收应当具备下列条件：

（1）完成建设工程设计和合同约定的各项内容。

（2）有完整的技术档案和施工管理资料。

（3）有工程使用的主要建筑材料、建筑构配件和设备的进场试验报告。有勘察、设计、施工、工程监理等单位分别签署的质量合格文件。有施工单位签署的工程保修书。

在竣工验收时，对某些剩余工程和缺陷工程，在不影响交付的前提下，经建设单位、设计单位、施工单位和监理单位协商后，施工单位应在竣工验收后的限定时间内完成。参加验收各方对工程质量验收意见不一致时，可请当地建设行政主管部门或工程质量监督机构协调处理。

### （四）单位工程竣工验收备案

单位工程质量验收合格后，建设单位应在规定时间内将工程竣工验收报告和有关文件报建设行政管理部门备案。

1. 凡在中华人民共和国境内新建、扩建、改建各类房屋建筑工程和市政基础设施工程的竣工验收，均应按有关规定进行备案。

2. 国务院建设行政主管部门和有关专业部门负责全国工程的竣工验收监督管理工作。县级以上地方人民政府建设行政主管部门负责本行政区域内工程的竣工验收备案管理工作。

### （五）工程施工质量不符合要求时的处理

当工程质量不符合要求时，应按下列规定进行处理：

1. 经返工重做或更换器具、设备的检验批，应重新进行验收。

2. 经有资质的检测单位检测鉴定能够达到设计要求的检验批，应予以验收。经有资质的检测单位检测鉴定达不到设计要求，但经原设计单位核算认可能够满足结构安全和使用功能的检验批，可予以验收。

3. 经返工或加固处理的分项、分部工程，虽然改变外形尺寸但仍能满足安全使用要求，可按技术处理方案和协商文件进行验收。

一般情况下，不合格现象在最基层的验收单位（检验批）时就应发现并及时处理，否则将影响后续检验批和相关的分项工程、分部工程的验收，因此，所有质量隐患必须尽快消灭在萌芽状态，这也是强化验收、促进过程控制原则的体现。非正常情况的处理分以下四种情况：

第一种情况，是指在检验批验收时，其主控项目不能满足验收规范，或一般项目超过偏差限值的子项不符合检验规定的要求时，该检验批应及时进行处理。其中，严重的缺陷应推倒重建；一般的缺陷通过返修或更换器具、设备予以解决，应允许施工单位在采取相应的措施后重新验收。如能够符合相应的专业工程质量验收规范，则应认为该检验批合格。

第二种情况，是指在个别检验批中发现试块强度等不满足要求等问题，难以确定是否验收时，应请具有资质的法定检测单位检测。当鉴定结果能够达到设计要求时，该检验批仍应认为通过验收。

　　第三种情况，如经检测鉴定达不到设计要求，但经原设计单位核算，仍能满足结构安全和使用功能的情况，该检验批可予以验收。一般情况下，规范标准给出了满足安全和功能的最低限度要求，而设计往往在此基础上留有一些余量。不满足设计要求和符合相应规范标准的要求，两者并不矛盾。

　　第四种情况，更为严重的缺陷或者超过检验批的更大范围的缺陷，可能影响结构的安全性和使用功能。若经法定检测单位检测鉴定以后认为达不到规范标准的相应要求，即不能满足最低限度的完全储备和使用功能，则必须按一定的技术方案进行加固处理，使之能保证满足安全使用的基本要求。这样会造成一些永久性的缺陷（如改变结构外形尺寸）、影响一些次要的使用功能等。为了避免社会财富遭受更大的损失，在不影响安全和主要使用功能条件下，可按处理技术方案和协商文件进行验收，责任方应承担经济责任，不能轻视质量而回避责任，这是应该特别注意的。

　　4. 通过返修或加固处理仍不能满足安全使用要求的分部工程、单位（子单位）工程，严禁验收。

# 第七章　建筑工程施工主要模块质量控制

## 第一节　土方工程质量控制要点

### 一、土方开挖质量控制

1. 土方开挖应遵循"开槽支撑，先撑后挖，分层开挖，严禁超挖"的原则。

2. 基坑（槽）和管沟开挖上部应有排水措施，防止地面水流入坑内，冲刷边坡，造成塌方或破坏基土，在挖土过程中应及时排除坑底表面积水。

3. 基坑（槽）开挖应按规定的尺寸合理确定开挖顺序和分层开挖深度。开挖时应注意土壁的变动情况，如发现有裂缝或部分坍塌现象，应及时进行支撑或放坡，并注意支撑的稳固性和土壁的变化。当采取不放坡开挖的方式时，应设临时支护。

4. 挖出的土除预留一部分用作回填外，不得在场地内任意堆放，在坑顶两边堆土时，距离坑顶边缘至少1m，堆土高度不得超过1.5m。

5. 在已有建筑物侧挖基坑（槽）应分段进行，每段不超过2.5m，相邻槽段应待已挖好槽段基础回填夯实后进行。开挖基坑深于相邻建筑物基础时，开挖应保持一定的距离和坡度，满足H/L为0.5~1（H为相邻基础高差，L为相邻两基础外边缘水平距离）。

6. 基坑严禁超挖，采用机械挖土时，为防止基底土壁振动，不应直接挖到基坑（槽）底，应在基底标高以上预留200~300mm余土，待基础施工前由人工清除。

7. 基坑（槽）开挖后，应检验下列内容：

（1）核对基坑（槽）的位置、平面尺寸、坑底标高是否符合设计的要求，并检查边坡稳定状况，确保边坡安全。核对基坑土质和地下水情况是否满足地质勘察报告和设计要求；有无破坏原状土结构或发生较大的土质扰动现象。

（2）用钎探法或轻型动力触探法等检查基坑（槽）是否存在软弱土下卧层及空穴、古墓、古井、防空掩体、地下埋设物等并查明相应的位置、深度、性状。

### 二、土方回填质量控制

1. 土方回填前应清除基底的垃圾、树根等杂物，抽除坑内积水，验收基底标高。若土方在耕植土或松土上进行，还应先对基底进行压实。

2. 填方土料应按设计要求验收后方可填入。填土应处于最佳含水量状态，填土过湿时应翻松晾干，也可掺入同类干土或吸水性材料；填土过干时，则应预先洒水润湿。

3. 填方施工过程中应检查排水措施、每层填筑厚度、含水量控制、压实度。填筑厚度及压实遍数应根据土质确定，压实系数及所用机具经试验确定。

## 三、灰土垫层地基质量控制

1. 铺土前对地基进行清理，消除积水，平整基层。

2. 分段、分层敷设和夯压，在接缝处不得漏夯（碾），机具夯压不到的地方由人工或小型机具配合夯压密实。每层分段位置应错开，上下两层的施工缝错开不得小于500mm，并不得在墙角、柱基及承重窗间墙下等处接缝。接缝处应夯压密实。

3. 控制垫料的含水量，素土和灰土垫层施工的材料含水量宜控制在最优含水量±2%的范围内。含水量过大时，应晾晒或风干；含水量小于最优含水量时，应洒水润湿。

4. 灰土应拌和均匀、颜色一致，拌好后及时铺好、夯实。入坑（槽）的垫料，应当日夯压，不得隔日夯打。

5. 采取防雨、排水措施，避免垫层受雨水浸泡。夯实后的灰土，在3d内不得受水浸泡。若遭受雨淋浸泡，则应将积水及松软灰土除去并补填夯实。上部基础施工完毕后，应尽快回填基坑并夯实。

## 四、预压地基质量控制

1. 堆载预压法水平排水垫层施工时，应避免对软土表层的过大扰动，以免造成砂和淤泥混合，影响垫层的排水效果。另外，在敷设砂垫层前，应清除砂井顶面的淤泥和其他杂质，以利砂井排水。

2. 砂井中的砂宜用中砂、粗砂；袋中砂宜用干砂，不宜采用潮湿砂，以免袋内砂干燥后体积减小，造成袋装砂井缩短与排水垫层不搭接；垫层中的砂可用中砂、细砂。砂料含泥量要求小于3%。

3. 塑料排水带滤水膜在转盘和打设过程中应避免损坏，防止淤泥进入带芯堵塞输水孔而影响塑料带的排水效果。塑料带与桩尖的连接要牢固，避免提管时脱开导致塑料带拔出。桩尖平端与导管靴配合要适当，避免错缝，防止淤泥在打设过程中进入导管，增大对塑料带的阻力，甚至将塑料带拔出。塑料带需要接长时，为减少带与导管阻力，应采用滤水膜内平搭接的连接方式，搭接长度宜大于200mm，以保证输水畅通并有足够的搭接强度。

4. 加载预压过程施工时不能急于求成，应根据设计要求分级逐渐加载。在加载过程中，应每天进行竖向变形、边桩位移及孔隙水压力等项目的观测，根据观测资料严格控制加载速率。

5. 塑料排水带的滤水膜应有良好的透水性，塑料排水带应具有足够的湿润抗拉强度和抗弯曲能力。

6. 在真空预压法施工过程中，真空滤管的距离要适当，并使真空度分布均匀，滤管渗透系数大于 $1 \times 10^2 cm/s$；真空泵及膜内真空度应在 96kPa 和 73kPa 以上。地面总沉降规律应符合一般加载预压时的沉降规律，如发现异常，应及时采取措施，以免影响最终加固效果。因此，必须做好真空度、地面沉降量、深层沉降、水平位移、孔防水压力和地下水位的现场测试工作。

## 五、强夯地基质量控制

1. 强夯前应对场地进行地质勘探，通过现场试验确定强夯参数（试夯区面积不小于 20m×20m）。

2. 夯击前后应对地基土进行原位测试，包括室内土分析试验、野外标准贯入、静力（轻便）触探、旁压试验（或野外荷载试验），测定有关数据，以检验地基的实际影响深度。

有条件时，应尽量选用上述两项以上的测试项目，以便比较。

对于检验点数，每个独立基础至少有 1 点，基槽每 20 延米有 1 点，整片地基 50~100m² 取 1 点。检测深度和位置按设计要求确定，同时现场测定夯击后每点的地基平均变形值，以检验强夯效果。

3. 施工前应检查夯锤重量、尺寸，落距控制手段，排水设施。

4. 强夯中严格控制夯位和夯距，不漏夯；检查落距、夯击遍数和夯击范围，确保单位夯击能量符合设计要求。对各项参数和施工情况进行详细记录。

## 六、高压喷射注浆质量控制

1. 施工前应先进行场地平整，挖好排浆沟，并根据现场环境和地下埋设物的位置等情况，复核高压喷射注浆的设计孔位。

2. 做好钻机定位，钻机与高压注浆泵的距离不宜过远。要求钻机安放保持水平，钻杆保持垂直，其倾斜度不得大于 1.5%。钻孔位置与设计位置的偏差不得大于 50mm。

3. 当注浆管贯入土中，喷嘴达到设计标高时，即可喷射注浆。在喷射注浆参数达到规定值后，随即分别按旋喷、定喷或摆喷的工艺要求提升注浆管，由下而上喷射注浆。注浆管分段提升的搭接长度不得小于100mm。

4. 在高压喷射注浆过程中出现压力骤然下降、上升或大量冒浆等异常情况时，应停止提升和喷射注浆以防桩体中断，同时立即查明产生异常的原因并及时采取措施排除故障。若发现有浆液喷射不足，影响桩体的设计直径时，应进行复核。当高压喷射注浆完毕时，应迅速拔出注浆管，用清水冲洗管路。为防止浆液凝固收缩影响桩顶高程，必要时可在原孔位采用冒浆回灌或第二次注浆等措施。

# 第二节　基础工程质量控制要点

## 一、浅基础质量控制

### （一）砖石基础质量控制

1. 砖石的品种、质量、规格、强度等级，砂浆品种、强度必须符合设计要求和施工规范的规定。

2. 砌体砂浆必须饱满，水平灰缝的砂浆饱满度不小于80%。

3. 砌体转角处必须同时砌筑，交接处不能同时砌筑时必须留斜槎，外墙基础的转角处严禁留直槎，其他临时间断处留槎的做法必须符合施工规范的规定。

### （二）钢筋混凝土基础质量控制

1. 在混凝土浇灌前应先行验槽，基坑尺寸应符合设计要求，应挖去局部软弱土层，用灰土或砂砾回填夯实至与基底相平。在地基或基土上浇筑混凝土时，应清除淤泥和杂物，并应有排水和防水措施。对干燥的黏性土，应用水湿润；对未风化的岩石，应用水清洗，但其表面不得留有积水。

2. 垫层混凝土在验槽后应立即浇灌，以保护地基。当垫层素混凝土达到一定强度后，在其上面弹线、支模、铺放钢筋。

3. 钢筋上的泥土、油污，模板内的垃圾、杂物应消除干净。木模板应浇水湿润，缝隙应堵严，基坑积水应排除干净。

4. 当混凝土自高处倾落时，其自由倾落高度不宜超过2m，若高度超过2m，应设料斗、漏斗、串筒、斜槽、溜管，以防止混凝土分层、离析。

5. 混凝土宜分段、分层灌筑，各段、各层间应互相衔接，每段长2~3m，使混凝土逐段、逐层呈阶梯形推进，并注意先使混凝土充满模板边角，然后浇灌中间部分。

6. 混凝土应连续浇灌，以保证结构良好的整体性，若必须间歇，间歇时间不应超过规范的规定。若间歇时间超过规定，应设置施工缝，并应待混凝土的抗压强度达到 1.2N/mm$^2$ 以上时，才允许继续浇灌混凝土，以免已浇筑的混凝土结构因振动而受到破坏。

## 二、预制桩质量控制

### （一）预制桩钢筋骨架质量控制

1. 预制桩主筋可采用对焊或焊条电弧焊，同一截面的主筋接头不得超过 50%，相邻主筋接头截面的距离应大于 35D 且不小于 500mm。

2. 为了防止桩顶击碎，桩顶钢筋网片位置要严格控制、按图施工，并采取措施使网片位置固定正确、牢固，保证混凝土浇筑时不移位；浇筑预制桩混凝土时，从桩顶开始浇筑，要保证柱顶和桩尖不积聚过多的砂浆。

3. 为防止锤击时桩身出现纵向裂缝导致桩身击碎而被迫停锤，预制桩钢筋骨架中主筋距桩顶的距离必须严格控制，决不允许主筋距桩顶面过近甚至触及桩顶的质量问题出现。

4. 预制桩接桩注意事项：当桩尖接近硬持力层或桩尖处于硬持力层中时，不得接桩；若采用电焊接桩则应抓紧时间进行焊接，以免耗时长导致桩摩阻得到恢复，使桩下沉产生困难。

### （二）混凝土预制桩的起吊、运输和堆存质量控制

1. 预制桩达到设计强度 70% 方可起吊，达到 100% 才能运输。桩的水平运输应用运输车辆，严禁在场地内直接拖拉桩身。

2. 垫木和吊点应保持在同一横断面上，且各层垫木上下对齐，防止垫木参差不齐而使桩被剪切断裂。

3. 根据大量的工程实践经验，只有龄期和强度都达到标准的预制桩，才能顺利打入土中，且很少打裂，故沉桩时应做到强度和龄期双控制。

### （三）混凝土预制桩接桩施工质量控制

1. 硫黄胶泥锚接法仅适用于软土层，因此法的管理和操作要求较严，所以一级建筑桩基或承受拔力的桩应慎用。

2. 焊接接桩材料：钢板宜用低碳钢，焊条宜用 E43；焊条使用前必须经过烘焙，降低

烧焊时含氢量,防止焊缝产生气孔而降低其强度和韧性;焊条烘焙应有记录。

焊接接桩时,应先将四角定位焊固定,焊接必须对称进行,以保证设计尺寸正确,使上下节桩对中。

### (四) 混凝土预制桩沉桩质量控制

1. 沉桩顺序是打桩施工方案的一项重要内容,必须正确选择确定,以避免桩位偏移、上拔、地面隆起过多、邻近建筑物破坏等事故发生。

2. 沉桩中停止锤击应根据桩的受力情况确定:摩擦型桩以标高为主、贯入度为辅;而端承型桩应以贯入度为主、标高为辅。标高和贯入度应进行综合考虑,当两者差异较大时,应会同各参与方进行研究,共同研究确定停止锤击桩标准。

3. 为避免或减少沉桩挤土效应和对邻近建筑物、地下管线的影响,在施打大面积密集桩群时,要采取预钻孔、设置袋装砂井或塑料排水板的方式消除部分超孔隙水压力。

4. 插桩是保证桩位正确和桩身垂直度的重要开端,插桩应控制桩的垂直度,并应逐桩记录,以备核对查验,避免打偏。

5. 打桩顺序:根据基础的设计标高,先深后浅;依桩的规格,宜先大后小、先长后短。由于桩的密集程度不同,可自中间向两侧对称进行或向四周进行;也可由一侧向单一方向进行。

## 三、灌注桩质量控制

### (一) 灌注桩钢筋笼制作质量控制

1. 钢筋笼制作允许偏差按规范执行。主筋净距必须大于混凝土粗骨料粒径 3 倍以上以确保混凝土浇筑时达到密实度要求。

2. 箍筋宜设在主筋外侧,当主筋须设弯钩时,弯钩不得向内圆伸露,以免钩住灌注导管,妨碍导管正常工作。

3. 钢筋笼的内径应比导管接头处的外径大 100mm 以上。

4. 分节制作的钢筋笼,主筋接头宜用焊接,由于在焊接灌注桩孔口时只能做单面焊,搭接长度要保证 10 倍主筋直径以上。

5. 沉放钢筋笼前,在钢筋笼上套上或焊上主筋保护层垫块或耳环,使主筋保护层偏差符合以下规定:水下浇筑混凝土柱主筋保护层偏差在 ±20mm 以内,非水下浇筑混凝土桩主筋保护层偏差在 ±10mm 以内。

## （二）泥浆护壁成孔灌注桩施工质量控制

### 1. 泥浆制备和处理的施工质量控制

（1）在清孔过程中，要不断置换泥浆，直至浇筑水下混凝土时才能停止置换，以保证孔底沉渣厚度符合要求，防止由于泥浆静止、渣土下沉而导致孔底实际沉渣超厚的弊病。

（2）浇筑混凝土前，孔底 500mm 以内的泥浆相对密度应小于 1.25；含砂率不大于 8%；黏度不大于 28s。

### 2. 正、反循环钻孔灌注桩施工质量控制

（1）孔深大于 30m 的端承型桩，钻孔机具工艺选择时宜用反循环工艺成孔或清孔。

（2）为了保证钻孔的垂直度，钻机应设置导向装置。潜水钻的钻头上应有不小于 3 倍钻头直径长度的导向装置；利用钻杆加压的正循环回转钻机，在钻具中应加设扶正器。

（3）孔达到设计深度后，清孔后的沉渣厚度应符合下列规定：端承桩≤50mm；摩擦端承桩、端承摩擦桩≤100mm；摩擦桩≤300mm。正、反循环钻孔灌注桩成孔施工的允许偏差应满足规范规定。

### 3. 水下混凝土浇筑施工质量控制

（1）水下混凝土配制的强度等级应有一定的余量，能保证水下浇筑混凝土强度等级符合设计强度的要求（并非在标准条件下养护的试块达到设计强度等级，即判定符合设计要求）。

（2）水下混凝土必须具备良好的和易性，坍落度宜为 180~220mm，水泥用量不得少于 360kg/m。

（3）水下混凝土的含砂率宜控制在 40%~45%，粗骨料粒径应小于 40mm。

（4）导管使用前应试拼装、试压，试水压力取 0.6~1.0MPa。防止导管渗漏发生堵管现象。

（5）隔水栓应有良好的隔水性能，并确保隔水栓能顺利从导管中排出，保证水下混凝土浇筑成功。

（6）用以储存混凝土的灌斗的容量，必须满足第一斗混凝土灌下后能使导管一次埋入混凝土面以下 1m 以上。

（7）浇筑水下混凝土时应有专人测量导管内外混凝土面标高，埋管 2~6m 深时，才允许提升混凝土导管。当选用起重机提拔导管时，必须严格控制导管提拔时导管离开混凝土面的可能，防止发生断桩事故。

# 第三节　主体结构工程质量控制要点

## 一、模板工程质量控制

### （一）一般规定

1. 模板及其支架必须符合下列规定：

（1）保证工程结构和构件各部分形状尺寸和相互位置的正确，这就要求模板工程的几何尺寸、相互位置及标高满足设计图要求，并且在混凝土浇筑完毕后，模板工程的几何尺寸、相互位置及标高在允许偏差范围内。

（2）要求模板工程具有足够的承载力、刚度和稳定性，不出现塑性变形、倾覆和失稳。

（3）构造简单，拆装方便，便于钢筋的绑扎和安装，另外，对混凝土的浇筑和养护，要做到加工容易、集中制造、提高工效、紧密配合、综合考虑。模板的拼缝不应漏浆。对于反复使用的钢模板要不断进行整修，保证其棱角顺直、平整。

2. 组合钢模板、大模板、滑升模板等的设计、制作和施工，应符合国家现行标准的有关规定。

3. 模板使用前应涂刷隔离剂，不宜采用油质类隔离剂。严禁隔离剂玷污钢筋与混凝土接槎处，以免影响钢筋与混凝土的握裹力以及混凝土接槎处不能有机接合。不得在模板安装后刷隔离剂。

4. 对模板及其支架应定期维修。钢模板及支架应防止锈蚀，从而延长模板及其支架的使用寿命。

### （二）模板安装的质量控制

1. 竖向模板和支架的支撑部分必须坐落在坚实的基土上，并应加设垫板，使其有足够的支撑面积。

2. 一般情况下，应自下而上地安装模板。在安装过程中要注意模板的稳定，可设临时支撑稳住模板，待安装完毕且校正无误后方可固定牢固。

3. 模板安装要考虑拆除方便，宜在不拆梁的底模和支撑的情况下，先拆除梁的侧模，以利于周转使用。

4. 在模板安装过程中应多检查垂直度、中心线、标高偏差是否在允许范围之内，保证结构部分的几何尺寸和相邻位置的正确。

5. 现浇钢筋混凝土梁、板，当跨度大于或等于 4m 时，模板应起拱；当设计无要求时，起拱高度宜为全跨长的 1/1 000~3/1 000，不准许起拱过小而造成梁、板底下垂。

6. 现浇多层房屋和构筑物支模时，采用分段、分层方法。下层混凝土须达到足够的强度以承受上层作业荷载传来的力，且上下立柱应对齐，并敷设垫板。

### （三）模板拆除的质量控制

#### 1. 混凝土结构拆模时的强度要求

模板及其支架拆除时的混凝土强度应符合设计要求，当设计无具体要求时，应符合下列规定：

（1）侧模在混凝土强度能保证其表面及棱角不因拆除模板而受损坏后，方可拆除。

（2）底模在混凝土强度达到规定后，方可拆除。

#### 2. 混凝土结构拆模后的强度要求

混凝土结构在模板和支架拆除后，须待混凝土强度达到设计混凝土强度等级后，方可承受全部使用荷载；当施工荷载所产生的效应比使用荷载的效应更为不利时，必须经过核算，加设临时支撑。

### （四）模板工程专项施工方案

对于下列危险性较大的模板工程及支撑体系，应单独编制专项施工方案。

1. 各类工具式模板工程：包括大模板、滑模、爬模、飞模等工程。

2. 混凝土模板支撑工程：搭设高度 5m 及以上、搭设跨度 10m 及以上、施工总荷载 10kN/m 及以上、集中线荷载 15kN/m 及以上、高度大于支撑水平投影宽度且相对独立无联系构件的混凝土模板支撑工程。

3. 承重支撑体系：用于钢结构安装等满堂支撑体系。

对于超过一定规模的危险性较大的模板工程及支撑体系，还应组织专家对单独编制的专项施工方案进行论证。

①工具式模板工程：包括滑模、爬模、飞模工程。

②混凝土模板支撑工程：搭设高度 8m 及以上、搭设跨度 18m 及以上、施工总荷载 15kN/m 及以上、集中线荷载 20kN/m 及以上。

③承重支撑体系：用于钢结构安装等满堂支撑体系，承受单点集中荷载 700kg 以上。

## 二、钢筋工程质量控制

### （一）一般规定

**1. 钢筋采购与进场验收**

（1）在进行钢筋采购时，混凝土结构中采用的热轧钢筋、热处理钢筋、碳索钢丝、刻痕钢丝和钢绞线的质量，应分别符合现行国家标准的规定。

（2）钢筋从钢厂发出时，应具有《出厂质量证明书》或《试验报告单》，每捆（盘）钢筋均应有标牌。

（3）钢筋进入施工单位的仓库或放置场时，应按炉罐号及直径分批验收。验收内容包括：查对标牌、外观检查、按有关技术标准的规定抽取试样做机械性能试验，检查合格后方可使用。钢筋在运输和储存时，必须保留标牌、严格防止混料，并按批分别堆放整齐，无论在检验前或检验后，都要避免锈蚀和污染。

**2. 其他要求**

（1）当钢筋在加工过程中发生脆断、焊接性能不良或力学性能显著不正常等现象时，应按现行国家标准对该批钢筋进行化学成分检验或其他专项检验。

（2）进口钢筋当需要焊接时，还要进行化学成分检验。

（3）对有抗震要求的框架结构纵向受力钢筋，检验的强度实测值应符合下列要求：

钢筋的抗拉强度实测值与屈服强度实测值的比值不应小于 1.25。钢筋的屈服强度实测值与钢筋的强度标准值的比值，当按一级抗震设计时，不应大于 1.25；当按二级抗震设计时，不应大于 1.4。

（4）钢筋的强度等级、种类和直径应符合设计要求，当需要代换时，必须征得设计单位同意，并应符合下列要求：

①不同种类钢筋的代换，应按钢筋受拉承载力设计值相等的原则进行。

②当构件受抗裂、裂缝宽度、挠度控制时，钢筋代换后应重新进行验算。

③钢筋代换后，应满足混凝土结构设计规范中有关间距、锚固长度、最小钢筋直径、根数等要求。

④对重要的受力结构，不宜用光圆钢筋代换带肋钢筋。

⑤梁的纵向受力钢筋与弯起钢筋应分别进行代换。

⑥对有抗震要求的框架，不宜以强度等级较高的钢筋代替原设计中的钢筋；当必须代换时，尚应符合上述第 3 条的规定。

⑦预制构件的吊环，必须采用未经冷拉的 HPB300 级钢筋制作。

### 3. 热轧钢筋取样与试验

每批钢筋由同一截面尺寸和同一炉罐号的钢筋组成，数量不大于 60t。在每批钢筋中任选 3 根钢筋切取 3 个试样供拉力试验用，再任选 3 根钢筋切取 3 个试样供冷弯试验用。

拉力试验和冷弯试验结果必须符合现行钢筋机械性能的要求，如有某一项试验结果达不到要求，则从同一批中再任取双倍数量的试件进行复试，若有任两个指标在复试中达不到要求，则该批钢筋就被判断为不合格。

## （二）钢筋焊接施工质量控制

钢筋的焊接技术包括：电阻定位焊、闪光对焊、焊条电弧焊和竖向钢筋接长的电渣压焊以及气压焊。下面仅就焊条电弧焊和电渣压焊施工质量控制进行介绍。

### 1. 焊条电弧焊的施工质量控制

（1）操作要点

①进行帮条焊时，两钢筋端头之间应留 2.5mm 的间隙。

②进行搭接焊时，钢筋宜预弯，以保证两根钢筋的轴线在同一直线上。

③焊接时，引弧应从帮条或搭接钢筋一端开始，收弧应在帮条或搭接钢筋梢头上，弧坑应填满。

④熔槽帮条焊钢筋端头应加工平面，两钢筋端面间隙为 10~16mm；焊接时电流宜稍大，从焊缝根部引弧后连续施焊，形成熔池，保证钢筋端部熔合良好，焊接过程中应停焊敲渣一次。焊平后，进行加强缝的焊接。

⑤坡口焊钢筋坡面应平顺，切口边缘不得有裂纹和较大的钝边、缺棱；钢筋根部最大间隙不宜超过 10mm；为了防止接头过热，应采用几个接头轮流施焊；加强焊缝的宽度应超过 V 形坡口的边缘 2~3mm。

（2）外观检查要求

①焊缝表面平整，不得有较大的凹陷、焊瘤。

②接头处不得有裂缝。

③帮条焊的帮条沿接头中心线纵向偏移不得超过 4°，接头处钢筋轴线的偏移不得超过 0.1d 或 3mm。

④坡口焊及熔槽帮条焊接头的焊缝加强高度为 2~3mm。

⑤在进行坡口焊时，预制柱的钢筋外露长度：当钢筋根数少于 14 根时，取 250mm；当钢筋根数大于等于 14 根时，取 350mm。

**2. 电渣压力焊的施工质量控制**

（1）操作要点

①为使钢筋端部局部接触，以便引弧，形成渣池，进行手工电渣压焊时，可采用直接引弧法。

②待钢筋熔化达到一定程度后，在切断焊接电源的同时，迅速进行顶压，持续数秒钟方可松开操作杆，以免接头偏斜或接合不良。

③在焊剂使用前，须经恒温 250℃ 烘焙 1~2h。焊前应检查电路，观察网络电压波动情况，若电源的电压降大于 5%，则不宜进行焊接。

（2）外观检查要求

①接头焊包均匀，不得有裂纹，钢筋表面无明显烧伤等缺陷。

②接头处的钢筋轴线偏移不得超过 0.1d，同时不得大于 2mm。

③接头处弯曲不得大于 4°。

（3）其他要求

①焊工必须持有焊工考试合格证。在进行钢筋焊接前，必须根据施工条件进行试焊，合格后方可施焊。

②由于钢筋弯曲处内、外边缘的应力差异较大，因此焊接头距钢筋弯曲处的距离不应小于钢筋直径的 10 倍。

③在受力钢筋采用焊接接头时，设置在同一构件内的焊接接头应相互错开。在任一焊接接头中心至长度为钢筋直径的 35 倍且不小于 500mm 的区段内，同一根钢筋不得有两个接头。

④对于轴心受拉杆、小偏心受拉杆以及直径大于 32mm 的轴心受压柱和偏心受压柱中的钢筋接头均应采用焊接。对于有抗震要求的受力钢筋接头，宜优先采用焊接或机械连接。

**（三）钢筋机械连接施工质量控制**

钢筋机械连接技术包括直、锥螺纹连接和套筒挤压连接，下面仅介绍最常用的直螺纹连接的施工质量控制。

**1. 构造要求**

（1）同一构件内同一截面受力钢筋的接头位置应相互错开。在任一接头中心至长度为钢筋直径的 35 倍的区域范围内，有接头的受力钢筋截面面积占受力钢筋总截面面积的百分率应符合下列规定：

①受拉区的受力钢筋接头百分率不宜超过 50%。

②受拉区的受力钢筋受力较小时，A 级接头百分率不受限制。

③接头宜避开有抗震设防要求的框架梁端和柱端的箍筋加密区；当无法避开时，接头应采用 A 级接头，且接头百分率不应超过 50%。

（2）接头端头距钢筋弯起点不得小于钢筋直径的 10 倍。

（3）不同直径的钢筋连接时，一次对接钢筋直径规格不宜超过二级。

（4）钢筋连接套处的混凝土保护层厚度除了要满足现行国家标准外，还不得小于 15mm，且连接套之间的横向净距不宜小于 25mm。

**2. 操作要点**

（1）操作工人必须持证上岗。

（2）钢筋应先调直再下料，切口端面应与钢筋轴线垂直，不得有马蹄形或挠曲，不得用气割下料。

（3）加工钢筋直螺纹丝头的牙型、螺距等必须与连接套的牙型、螺距一致，且经配套的量规检测合格。

（4）加工直螺纹钢筋时，应采用水溶性切削润滑液，不得用机油做润滑液或不加润滑液套丝。

（5）已检验合格的丝头应加帽头予以保护。

（6）连接钢筋时，钢筋规格和连接套的规格应一致，并确保钢筋和连接套的丝扣干净、完好无损。

（7）采用预埋接头时，连接套的位置、规格和数量应符合设计要求。带连接套的钢筋应固定牢固，连接套的外露端应有密封盖。

（8）必须用精度±5%的力矩扳手拧紧接头，且要求每半年用扭力仪检测力矩扳手一次。

（9）连接钢筋时，应对正轴线将钢筋拧入连接套，然后用力矩扳手拧紧。接头拧紧值应满足规定的力矩值，不得超拧。拧紧后的接头应做好标志。

### （四）钢筋绑扎与安装施工质量控制

**1. 准备工作**

（1）确定分部、分项工程的绑扎进度和顺序。

（2）了解运料路线、现场堆料情况、模板清扫和润滑状况以及坚固程度、管道配合条件等。

（3）检查钢筋的外观质量，着重检查钢筋的锈蚀状况，确定有无必要进行除锈。

（4）在运料前要核对钢筋的直径、形状、尺寸以及钢筋级别是否符合设计要求。准备必需数量的工具、水泥砂浆垫块与绑扎所需的钢丝等。

**2. 操作要点**

（1）钢筋的交叉点都应扎牢。

（2）板和墙的钢筋网，除靠近外围两行钢筋的相交点全部扎牢外，中间部分的相交点可相隔交错扎牢，但必须保证受力钢筋不位移；若采用一面顺扣绑扎，交错绑扎扣应变换方向绑扎；对于面积较大的网片，可适当用钢筋做斜向拉结，加固双向受力的钢筋，且须将所有相交点全部扎牢。

（3）梁和柱的箍筋，除设计有特殊要求外，应与受力钢筋保持垂直，箍筋弯钩叠合处，应与受力钢筋方向错开。此外，梁的箍筋弯钩应尽量放在受压处。

（4）绑扎柱竖向钢筋时，角部钢筋的弯钩应与模板呈45°；中间钢筋的弯钩应与模板呈90°；当采用插入式振动器浇筑小型截面柱时，弯钩平面与模板面的夹角不得小于150°。

（5）绑扎基础底板钢筋时，要防止弯钩平放，应预先使弯钩朝上；若钢筋有带弯起直段的，绑扎前应将直段立起来，宜用细钢筋连接上，防止直段倒斜。

（6）钢筋的绑扎接头应符合下列要求：

①搭接长度的末端与钢筋弯曲处的距离不得小于钢筋直径的10倍，接头不宜位于构件最大弯矩处。

②在钢筋受拉区域内，HPB300级钢筋和冷拔低碳钢丝接头末端应做弯钩，HRB335级和HRB400级钢筋可不做弯钩。

③直径不大于12mm的受压HPB300级钢筋的末端，以及轴心受压构件中任意直径的受力钢筋的末端可不做弯钩，但搭接长度不得小于钢筋直径的35倍。

④在钢筋搭接处，应用钢丝扎牢其中心和两端。

⑤受拉钢筋绑扎接头的搭接长度应符合现行相关标准的规定，受压钢筋的搭接长度相应取受拉钢筋搭接长度的0.7倍。

⑥焊接骨架和焊接网采用绑扎接头时：搭接接头不宜位于构件的最大弯矩处；焊接骨架和焊接网在非受力方向的搭接长度宜为100mm；受拉焊接骨架和焊接网在受力钢筋方向的搭接长度应符合现行标准的规定；受压焊接骨架和焊接网取受拉焊接骨架和焊接网的0.7倍。

⑦各受力钢筋之间的绑扎接头位置应相互错开。从任一绑扎接头中心至搭接长度L的

1.3 倍区域内，受力钢筋截面面积占受力钢筋总截面面积的百分率应符合有关规定，且绑扎接头中钢筋的横向净距不应小于钢筋直径，还须不小于 25mm。

⑧在绑扎骨架中非焊接接头长度范围内，当搭接钢筋受拉时，其箍筋间距应不大于 5d，且应不大于 100mm；当受压时，应不大于 10d，且应不大于 20mm。

# 三、普通混凝土质量控制

## （一）混凝土搅拌质量控制

### 1. 搅拌机的选用

按搅拌原理划分，混凝土搅拌机可分为自落式和强制式两种。在选用搅拌机时，应综合考虑以下因素：

（1）所须拌制混凝土的总量和同时需要混凝土的最大数量。

（2）混凝土的品种和混凝土的流动性。

（3）混凝土粗集料的最大粒径。

（4）混凝土的运输方法。混凝土搅拌机的容量、搅拌能力、搅拌时间等主要技术性能。

### 2. 混凝土搅拌前材料质量

检查在混凝土搅拌前，应对原材料质量进行检查，合格原材料才能使用。

### 3. 混凝土工程的施工配料计量

在混凝土工程的施工中，混凝土质量与配料计量控制关系密切，但在施工现场有关人员为图方便，往往是骨料按体积比例确定，加水量凭经验由人工控制，这样造成拌制的混凝土离散性很大，难以保证混凝土的质量。故混凝土的施工配料计量须符合下列规定：

（1）水泥、砂、石子、混合料等干料的配合比，应采用重量法计量。

（2）水的计量：必须在搅拌机上配置水箱或定量水表。

（3）外加剂中的粉剂可按水泥计量的一定比例先与水泥拌匀，在搅拌时加入；溶液掺入先按比例稀释，按用水量加入。

### 4. 首拌混凝土的操作要求

搅拌第一盘混凝土是搅拌整个混凝土操作的基础，其操作要求如下：

（1）空车运转的检查：旋转方向是否与机身箭头一致；空车转速比重车快 2~3r/min；检查时间 2~3min。

（2）上料前应先启动，待正常运转后方可进料。

（3）为补偿黏附在机内的砂浆，第一盘减少石子约30%；或多加水泥、砂各15%。

### 5. 搅拌时间的控制

搅拌混凝土的目的是使所有骨料表面都涂满水泥浆，从而使混凝土各种材料混合成匀质体。因此，必需的搅拌时间与搅拌机类型、容量和配合比有关。

## （二）混凝土浇捣质量控制

### 1. 混凝土浇捣前的准备

（1）对模板、支架、钢筋、预埋螺栓、预埋铁的质量、数量、位置逐一检查，并做好记录。

（2）应清除与混凝土直接接触的模板、地基基土、未风化的岩石上的淤泥和杂物，用水湿润。地基基土应有排水和防水措施。模板中的缝隙和孔应堵严。

（3）对于浇筑梁、板等水平构件，混凝土自由倾落高度不宜超过2m。对于浇筑柱、墙等竖向构件，混凝土自由倾落高度不宜超过3m。根据工程需要和气候特点，应准备好抽水设备、防雨设备等。

### 2. 浇捣过程中的质量要求

（1）分层浇捣时间间隔

①分层浇捣是为了保证混凝土的整体性，浇捣工作原则上要求一次完成；但由于振捣机具性能、配筋等，当混凝土需要分层浇捣时，其浇筑层的厚度应符合相应规定。

②浇捣的时间间隔：浇捣应连续进行，必须间歇时，其间歇时间应尽量缩短，并应在前层混凝土初凝之前，将次层混凝土浇筑完毕。前层混凝土凝结时间不得超过相关规定，否则应留施工缝。

（2）采用振动器振实混凝土时，每一振点的振捣时间，应至将混凝土振实至呈现浮浆和不再沉落为止。

（3）在浇筑与柱和墙连成整体的梁与板时，应在柱和墙浇捣完毕后停歇1~1.5h，再继续浇筑，梁和板宜同时浇筑混凝土。大体积混凝土的浇筑应按施工方案合理分段、分层进行，浇筑应在室外气温较高时进行，但混凝土浇筑温度不宜超过35℃。

### 3. 施工缝的位置设置与处理

（1）施工缝的设置。混凝土施工缝的位置宜留在剪力较小且便于施工的部位。柱应留水平缝，梁、板、墙应留竖直缝，具体要求如下：

①柱子留置在基础的顶面，梁和吊车梁牛腿的下面，吊车梁的上面，无梁楼板柱帽的下面。

②与板连成整体的大截面梁，留置在板底面以下 20～30mm 处；当板下有梁托时，留在梁托下部。

③单向板留置在平行于板的任何位置。

④有主次梁的楼板，宜顺着次梁方向浇筑，施工缝应留置在次梁跨度的中间 1/3 范围内。

⑤双向受力板、大体积结构、拱、薄壳、蓄水池及其他结构复杂的工程，施工缝的位置应按设计要求留置，施工缝应与模板呈 90°。

（2）施工缝的处理

在混凝土施工缝处继续浇筑混凝土时，应满足下列要求：

①已浇筑的混凝土，其抗压强度不小于 1.2N/mm²。

②在已硬化的混凝土表面浇筑混凝土前，应清除水泥薄膜和松动石子以及软弱混凝土层，并加以充分湿润（一般湿润构件的时间不宜小于 24h）和冲洗干净，且不得积水。

③在浇筑混凝土前，宜先在施工缝处铺一层 10～15mm 厚的水泥砂浆或与混凝土内成分相同的水泥砂浆。混凝土应细致捣实，使新、旧混凝土紧密接合，同时加强施工缝处的保湿养护。

### （三）混凝土养护质量控制

混凝土的养护应在混凝土浇筑完毕后的 12h 以内，对混凝土加以覆盖和保温养护。

1. 根据气候条件，洒水次数应能使混凝土处于湿润状态。养护用水应与拌制用水相同。用塑料布覆盖养护，应全面将混凝土盖严，并保持塑料布内有凝结水。

2. 当日平均气温低于 5℃ 时，不应洒水。对不便洒水和覆盖养护的，宜涂刷保护层（如薄膜养生液等）养护，减少混凝土内部水分蒸发。

3. 混凝土养护时间应根据所用水泥品种确定。采用硅酸盐水泥、普通硅酸盐水泥拌制的混凝土，养护时间不应少于 7d。对掺用缓凝型外加剂或有抗渗性能要求的混凝土，养护时间不应少于 14d。

4. 养护期间，当混凝土强度小于 1.2MPa 时，不应进行后续施工。

## 四、高强混凝土质量控制

### （一）原材料质量

#### 1. 水泥

水泥作为胶结材料，是影响混凝土强度的主要因素，混凝土的强度破坏往往是从水泥石与骨料黏结界面开始，并穿过水泥石本身，因此，混凝土的强度主要取决于水泥石与骨料之间的黏结力与水泥石本身的强度，提高水泥强度、增加水泥用量是提高水泥石强度和提高水泥石与骨料之间黏结力的重要保证。水泥强度等级一般应为混凝土设计强度标准值的 0.9~1.5 倍，一般应采用强度不低于 42.5MPa 的硅酸盐水泥、普通硅酸盐水泥、高铝水泥、快硬高强水泥，水泥用量一般应不低于 450kg/m²，且不大于 550kg/m²。

### 2. 骨料

应选用坚硬、高强度、密实的优质骨料，岩石骨料的抗压强度与设计要求的混凝土强度等级的比值应不小于 1.5。粗骨料应选用近似方形的碎石，避免用天然卵石，最好选用花岗石、辉绿岩，其中石灰岩碎石与水泥浆要有良好的黏结性。配制高强混凝土时，其强度会随着粗骨料粒径加大而降低，粒径较小能增加与砂浆接触面积，受力均匀，减少骨料与水泥砂浆收缩差，减少粗骨料表面产生的微裂缝，石子最大粒径应控制在 25mm 以内。针片状颗粒含量不宜大于 5%，含泥量不应大于 0.5%，泥块含量不宜大于 0.2%。采用质地坚硬级配良好的中砂，细度模数宜为 2.6~3.0，含泥量不超过 2%，泥块含量不应大于 0.5%。配制高强混凝土的碎石应具有连续级配，若不能保证，可用两种或两种以上不同粒径的碎石相配合，以便使砂石骨料的孔隙率尽量减小，争取在 20%~22% 之间。

### 3. 活性掺合料

为了改善高强混凝土性能，减少水泥用量，可以掺加一定数量的粉煤灰、硅粉、磨细的粒化高炉矿渣等矿物掺合料。粉煤灰应采用 I 级或 II 级，并磨细，掺量为水泥质量的 15%~30%。质量要求：烧失量小于 5%，细度为通过 45pm 筛孔量不少于总量的 66%，MgO 含量小于 5%，50，SO₃ 含量小于 3%。水泥和矿物掺合料的总量不应大于 600kg/m²。

### 4. 高效减水剂

降低水灰比、减少单位用水量是获得高强度混凝土的主要条件，对 C50~C80 混凝土，一般须将水胶比控制在 0.4 之下，宜在 0.25~0.38 之间，在这样水胶比较小的情况下，为了使混凝土拌和物满足泵送施工和易性要求，高效减水剂的减水率一般为 25%~30%，对 C60~C80 高强混凝土，单位用水量可控制在 150~180kg。

### （二）高强混凝土的施工

高强混凝土施工除应按普通混凝土施工工艺要求执行外，尚应特别注意如下五点：

1. 对于施工拌和加料严格控制配合比，各种原材料称量误差不应超过以下规定：水泥土为 ±2%，活性矿物掺合料为 ±1%，粗细骨料为 ±3%，高效减水剂为 ±0.1%。

2. 应采用强制式搅拌机搅拌，搅拌时投料顺序要合理，高效减水剂不能直接投入干料中与水泥接触，可在已投入搅拌机斗内的拌和物加水搅拌 1~2min 后掺入，或将高效减水剂加入水中，搅匀后同拌和水一起掺入混凝土拌和物中；搅拌时间可适当延长，但不能过长，尽量缩短运输时间，以免搅拌和运输时间过长使混凝土的含气量增加，对 C60 以上混凝土，每增加 1% 含气量，其强度将降低 5%，若搅拌时间过短则不易搅拌均匀，影响和易性。

3. 采用泵送施工时，为了减少泵送管道的黏着摩阻力，要控制水泥用量，用量一般不超过 500kg/m，当超过用量时，可用 5%~10% 的粉煤灰替代，每掺 1kg 粉煤灰可替代 0.5kg 水泥。

4. 应采用高频振捣器振捣密实，浇筑后 8h 内应覆盖保水养护，之后浇水养护时间不少于 14d，由于高强混凝土水灰比小、水泥用量大，浇水养护既有利于强度增长，又可减少蒸发失水，减少混凝土收缩，避免干缩裂缝。

5. 配制高强混凝土所用水泥强度等级高，水泥颗粒细、用量大，水泥产生的水化热较大，使构件（特别是截面面积较大的构件）内部温度较高，为了减少构件表里温差，脱模时要采取保温措施，控制构件表面与大气的温差不大于 20℃，防止急剧降温，否则在其表面容易产生温度裂缝。

# 五、大体积混凝土质量控制

## （一）大体积混凝土的裂缝

大体积混凝土出现的裂缝按深度不同，分为表面裂缝、深层裂缝和贯穿裂缝三种。

1. 表面裂缝主要是温度裂缝，一般危害性较小，但影响外观。

2. 深层裂缝部分地切断了结构断面，对结构耐久性产生一定危害。

3. 贯穿裂缝是由混凝土表面裂缝发展为深层裂缝，最终形成贯穿裂缝；它切断了结构的断面，可能破坏结构的整体性和稳定性，其危害性较严重。

## （二）裂缝产生的原因

混凝土结构裂缝产生的原因主要有以下三种：

一是由外荷载引起，即按常规计算的主要应力引起。

二是结构次应力引起，是由结构的实际受力状态与计算假定的模型的差异引起。

三是变形应力引起，是由温度、收缩、膨胀、不均匀沉降等引起的结构变形在约束下产生的应力超过混凝土抗拉强度时产生的。

大体积混凝土裂缝的控制主要是控制第三个原因产生的裂缝，其主要原因如下：

### 1. 水泥水化热影响

水泥在水化过程中产生大量的热量，因而使混凝土内部的温度升高，当混凝土内部与表面温差过大时，就会产生温度应力和温度变形。温度应力与温差成正比，温差越大，温度应力就越大，当温度应力超过混凝土内外的约束力时，就会产生裂缝。混凝土内部的温度与混凝土的厚度及水泥用量有关，混凝土越厚，水泥用量越大，内部温度越高。

### 2. 内外约束条件的影响

混凝土在早期温度上升时，产生的膨胀受到约束而形成压应力。当温度下降，则产生较大的拉应力。另外，混凝土内部由于水泥的水化热造成中心温度高、热膨胀大，因而在中心区产生压应力，在表面产生拉应力。若拉应力超过混凝土的抗拉强度，混凝土将会产生裂缝。

### 3. 外界气温变化的影响

在施工阶段，大体积混凝土常受外界气温的影响。混凝土内部温度是由水泥水化热引起的绝热温度、浇筑温度和散热温度三者的叠加。当气温下降，特别是气温骤降时，会大幅增加外层混凝土与混凝土内部的温度梯度，产生温差和温度应力，使混凝土产生裂缝。

### 4. 混凝土的收缩变形

混凝土中 80% 的水分要蒸发，只有约 20% 的水分是水泥硬化所必需的。最初失去的 30% 自由水分几乎不引起收缩，随着混凝土的继续干燥而使 20% 的吸附水逸出，就会出现干燥收缩，而表面干燥收缩快，中心干燥收缩慢。由于表面的干燥收缩受到中心部位混凝土的约束，因而会在表面产生拉应力并导致裂缝。在设计时，混凝土表层布设抗裂钢筋网片，可有效地防止混凝土收缩时产生干裂。

### 5. 混凝土的沉陷裂缝

支架、支撑变形下沉会引发结构裂缝，过早拆除模板支架易使未达到强度的混凝土结构产生裂缝和破损。

## （三）大体积混凝土裂缝的控制

### 1. 优化混凝土配合比

（1）大体积混凝土因其水泥水化热的大量积聚，易使混凝土内外形成较大的温差，产生温度应力，因此，应选用水化热较低的水泥，以降低水泥水化所产生的热量，从而控制大体积混凝土的温度升高。

（2）充分利用混凝土的中后期强度，尽可能降低水泥用量。

（3）严格控制集料的级配及含泥量。如果含泥量大，不仅会增加混凝土的收缩，而且会引起混凝土抗拉强度的降低，对混凝土抗裂不利。

（4）选用合适的缓凝、减水等外加剂，以改善混凝土的性能。加入外加剂后，可延长混凝土的凝结时间。控制好混凝土坍落度，坍落度不宜过大，一般为 120mm±20mm。

### 2. 浇筑与振捣措施

采取分层浇筑法浇筑混凝土，利用浇筑面散热，以大幅降低施工中出现裂缝的可能性。选择浇筑方案时，除应满足每一处混凝土在初凝以前就被上一层新混凝土覆盖并捣实完毕外，还应考虑结构大小、钢筋疏密、预埋管道和地脚螺栓的留设、混凝土供应情况以及水化热等因素的影响，常采用的方法有全面分层、分段分层和斜面分层三种。

### 3. 养护措施

大体积混凝土养护的关键是保持适宜的温度和湿度，以便控制混凝土内外温差，在促进混凝土强度正常发展的同时防止混凝土裂缝的产生和发展。大体积混凝土的养护，不仅要满足强度增长的需要，还应通过温度控制，防止因温度变形引起的混凝土开裂。

混凝土养护阶段的温度控制措施如下：

（1）混凝土的中心温度与表面温度之间、混凝土表面温度与室外最低气温之间的差值均应小于20℃；当结构混凝土具有足够的抗裂能力时，温度差值不大于30℃。

（2）在进行混凝土拆模时，混凝土的表面温度与中心温度之间、混凝土表面温度与外界气温之间的温差不超过20℃。

（3）采用内部降温法来降低混凝土的内外温差。内部降温法是在混凝土内部预埋水管，注入冷却水，降低混凝土内部最高温度。冷却在混凝土刚浇筑完时就开始进行。常见的还有投毛石法，也可以有效控制混凝土开裂。

（4）保温法是在结构外露的混凝土表面以及模板外侧覆盖保温材料（如草袋、锯木、湿砂等），在缓慢散热的过程中，保持混凝土的内外温差小于20℃。根据工程的具体情况，尽可能延长养护时间，拆模后立即回填或覆盖保护，同时预防近期气候骤冷的影响，防止混凝土早期和中期裂缝。

### 4. 改善约束条件

（1）设置永久性伸缩缝

将超长的现浇钢筋混凝土结构分成若干段，减少约束体与被约束体之间的相互制约，以期释放大部分变形，减小约束应力。

（2）设置后浇带和施工缝

合理设置水平或垂直施工缝，或在适当的位置设置施工后浇带，以削减温度收缩应力，同时也有利于散热，降低混凝土的内部温度。后浇带间距一般为 20～30mm，带宽 1.0m 左右，混凝土浇筑 30～40d 后用混凝土封闭。

（3）设置滑动垫层

在垫层混凝土上，先筑一层低强度水泥砂浆，以降低新旧混凝土之间的约束力。

**5. 提高混凝土的极限拉伸强度**

（1）在截面突变和转折处、顶板与墙转折处、孔洞转角及周边等应力集中处设置温度筋，增强抵抗温度应力的能力，减少混凝土收缩，提高混凝土抗拉强度。

（2）采用二次投料法、二次振捣法，浇筑后及时排除表面积水，加强早期养护，提高混凝土早期和相应龄期的抗拉强度和弹性模量。

# 六、预应力混凝土质量控制

## （一）原材料质量

1. 在对锚具、夹具及连接器进场验收时，应按出厂合格证和质量证明书核查其锚固性能类别、型号、规格、数量，确认无误后进行外观检查、硬度检验和静载锚固性能试验。

2. 预应力筋应符合现行国家标准、规范的规定，进场时应对其质量证明文件、包装、标志和规格等进行检验，并应按规定对表面质量、力学性能等进行检验。

3. 管道进场时，应检查出厂合格证和质量保证书，核对其类别、型号、规格和数量，应对外观、尺寸、集中荷载下的径向刚度、荷载作用后的抗渗及抗弯曲渗漏等进行检验。

4. 预应力混凝土应优先采用硅酸盐水泥、普通硅酸盐水泥，不宜使用矿渣硅酸盐水泥，不得使用火山灰硅酸盐水泥及粉煤灰硅酸盐水泥。粗骨料应采用碎石，其粒径宜为 5～25mm。混凝土中水泥用量不宜大于 550kg/m³，严禁使用含氯化物的外加剂。

## （二）下料与安装

1. 预应力筋及孔道的品种、规格、数量必须符合设计要求。

2. 预应力筋下料长度应经计算，并考虑模具尺寸及张拉千斤顶所需长度；严禁使用焊条电弧焊切割。

3. 锚垫板和螺旋筋安装位置应准确，保证预应力筋与锚垫板面垂直。锚板受力中心应与预应力筋合力中心一致。

4. 管道安装应严格按照设计要求确定位置，曲线平滑、平顺；架立筋应绑扎牢固，管道接头应严密，不得漏浆。管道应留压浆孔和溢浆孔。

5. 在预应力筋及管道安装时应避免电焊火花等造成损伤。在预应力筋穿束时宜用卷扬机整束牵引，应依据具体情况采用先穿法或后穿法，但必须保证预应力筋平顺，没有扭绞现象。

### （三）张拉与锚固

1. 张拉时，混凝土强度、张拉顺序和工艺应符合设计要求和相关规范的规定。张拉前应根据设计要求对孔道的摩阻损失进行实测，以便确定张拉控制应力，并确定预应力筋的理论伸长值。

2. 张拉时应逐渐加大拉力，不得突然加大拉力，以保证应力正确传递。张拉过程中，先张预应力筋的断丝、断筋数量和后张预应力筋的滑丝、断丝、断筋数量不得超过现行相关规范的规定。

3. 张拉施工质量控制应做到"六不张拉"，即没有预应力筋出厂材料合格证，预应力筋规格不符合设计要求，配套件不符合设计要求，张拉前交底不清，准备工作不充分、安全设施未做好，混凝土强度达不到设计要求，不张拉。

4. 张拉控制应力达到稳定后方可锚固，锚固后预应力筋的外露长度不宜小于 30mm，对锚具应采用封端混凝土保护，当需较长时间外露时，应采取防锈蚀措施。锚固完毕经检验合格后，方可切割端头多余的预应力筋，严禁使用焊条电弧焊切割。

### （四）压浆与封锚

1. 张拉后，应及时进行孔道压浆，宜采用真空辅助法压浆；水泥浆的强度应符合设计要求，且不得低于 30MPa。

2. 压浆时排气孔、排水孔应有水泥浓浆溢出。应从检查孔抽查压浆的密实情况，若有不实，则应及时处理。

3. 压浆过程中及压浆后 48h 内，结构混凝土的温度不得低于 5℃。当白天气温高于 35℃时，压浆宜在夜间进行。压浆后应及时浇筑封锚混凝土。封锚混凝土的强度应符合设计要求，不宜低于结构混凝土强度等级的 80%，且不得低于 30MPa。

## 七、砌筑工程质量控制

### （一）砌筑施工过程的检查项目

1. 检查测量放线的测量结果并进行复核，标志板、皮数杆应位置准确、设置牢固。检查砂浆拌制的质量。砂浆配合比、和易性应符合设计及施工要求。砂浆应随拌随用，常温下水泥和水泥混合砂浆应分别在 3h 和 4h 内用完，当温度高于 30℃时，应再提前 1h。

2. 检查砖的含水率，应提前 1~2d 浇水使砖湿润。普通砖、多孔砖的含水率宜为 10%~15%，灰砂砖、粉煤灰砖宜为 8%~12%，现场可断砖检查，以水浸入砖 10~15mm 深为宜。

3. 检查砂浆的强度。应在砂浆拌制地点留置砂浆强度试块，各类型及强度等级的砌筑砂浆每一检验批不超过 250m² 的砌体，每台搅拌机应至少制作一组试块（每组 6 块），其标准养护 28d 的抗压强度应满足设计要求。

4. 检查砌体的组砌形式。保证上下皮砖至少错开 1/4 的砖长，避免产生通缝。检查砌体的砌筑方法，应采取"三一"砌筑法。

5. 施工过程中应检查是否按规定挂线砌筑，随时检查墙体平整度和垂直度，采取"三皮一吊、五皮一靠"的检查方法，保证墙面的横平竖直。

6. 检查砂浆的饱满度。水平灰缝饱满度应达到 80%，每层每轴线应检查 1~2 次，出现问题时应加大频度两倍以上。竖向灰缝不得出现透明缝、瞎缝和假缝。

7. 检查转角处和交接处的砌筑及接槎的质量。施工中应尽量保证墙体同时砌筑，以提高砌体结构的整体性和抗震性。检查时要注意砌体的转角处和交接处应同时砌筑，严禁无可靠措施的内外墙分砌施工。对不能同时砌筑而又必须留置的临时间断处应砌成斜槎，斜槎水平投影长度不应小于高度的 2/3。当不能留斜槎时，除转角处外，也可留直槎（阳槎）。

### （二）小型砌块工程质量要求

1. 砌块的品种、强度等级必须符合设计要求。

2. 砂浆品种必须符合设计要求，强度等级必须符合下列规定：

①同一验收批砂浆立方体抗压强度的各组平均值应大于或等于验收批砂浆设计强度等级所对应的立方体抗压强度。

②同一验收批中砂浆立方体抗压强度的最小一组平均值应大于或等于 0.75 倍验收批砂浆设计强度等级所对应的立方体抗压强度。

3. 砌体砂浆必须密实饱满，水平灰缝的砂浆饱满度应按净面积计算，不得低于 90%，竖向灰缝的砂浆饱满度不得低于 80%。砌体的水平灰缝厚度和竖直灰缝宽度应控制在 8~12mm，砌筑时的铺灰长度不得超 80mm，严禁用水冲浆灌缝。

4. 对设计规定的洞口、管道、沟槽和预埋件等，应在砌筑时预留或预埋，严禁在砌好的墙体上打凿。在小砌块墙体中不得预留水平沟槽。

5. 外墙的转角处严禁留直槎，其他临时间断处留槎的做法必须符合相应小砌块的技术规程。接槎处砂浆应密实，灰缝、砌块平直。

6. 小砌块缺少辅助规格时，墙体通缝不得超过两皮砌块高。预埋拉结筋的数量、长度及留置要符合设计要求。

7. 清水墙组砌正确，墙面整洁，刮缝深度适宜。

# 八、钢结构工程质量控制

## （一）原材料及成品进场

钢材、焊接材料、连接用紧固标准件、焊接球、螺栓球、封板、锥头、套筒、金属压型钢板、涂装材料、橡胶垫及其他特殊材料的品种、规格、性能等应符合现行国家产品标准及设计要求，其中，进口钢材产品的质量应符合设计和合同规定标准的要求，主要通过产品质量的合格证明文件、中文标志和检验报告（包括抽样复验报告）等进行检查。

## （二）钢结构焊接工程

其主要检查焊工合格证及其有效期和认可范围，焊接材料、焊钉（栓钉）烘焙记录，焊接工艺评定报告，焊缝外观、尺寸及探伤记录，焊缝焊前预热、焊后热处理施工记录和工艺试验报告等是否符合设计标准和规范要求。

## （三）紧固件连接工程

其主要检查紧固件和连接钢材的品种、规格、型号、级别、尺寸、外观及匹配情况，普通螺栓的拧紧顺序、拧紧情况、外露丝扣，高强度螺栓连接摩擦面抗滑移系数试验报告和复验报告、扭矩扳手标定记录、紧固顺序、转角或扭矩（初拧、复拧、终拧）螺栓外露丝扣等是否符合设计和规范要求。普通螺栓作为永久性连接螺栓时，当设计有要求或对其质量有疑义时，应检查螺栓实物复验报告。

## （四）钢零件及钢部件加工

其主要检查钢材切割面或剪切面的平面度、割纹和缺口的深度、边缘缺棱情况、型钢端部垂直度、构件几何尺寸偏差、矫正工艺和温度、弯曲加工及其间隙、刨边允许偏差和粗糙度、螺栓孔质量（包括精度、直径、圆度、垂直度、孔距、孔边距等）、管和球的加工质量等是否符合设计和规范的要求。

## （五）钢结构安装

其主要检查钢结构零件及部件的制作质量、地脚螺栓及预留孔情况、安装平面轴线位置、标高、垂直度、平面弯曲、单元拼接长度与整体长度、支座中心偏移与高差、钢结构安装完成后环境影响造成的自然变形、节点平面紧贴的情况、垫铁的位置及数量等是否符合设计和规范的要求。

### （六）钢结构涂装工程

防腐涂料、涂装遍数、间隔时间、涂层厚度及涂装前钢材表面处理应符合设计要求和国家现行有关标准，防火涂料黏结强度、抗压强度、涂装厚度、表面裂纹宽度及涂装前钢材表面处理和防锈涂装等应符合设计要求和国家现行有关标准。

### （七）其他

钢结构施工过程中，用于临时加固、支撑的钢构件，其原材料、加工制作、焊接、安装、防腐等应符合相关技术标准和规范的要求。

## 第四节　防水及保温工程质量控制要点

### 一、防水工程质量控制要点

#### （一）地下工程混凝土自防水质量控制

1. 用与防水混凝土相同的混凝土块或砂浆块做成垫块垫牢钢筋，以保证保护层厚度。

2. 严格控制各种材料用量，不得任意增减。对各种外加剂应稀释成较小浓度的溶液后，再加入搅拌机内。

3. 防水混凝土必须用搅拌机搅拌，搅拌时间应不小于 2min，掺加外加剂时，应根据外加剂的技术要求确定搅拌时间。

4. 使用防水混土，尤其在高温季节使用时，必须加强检测混凝土的水灰比和坍落度。对于加气剂防水混凝土，还需要抽查混凝土拌和物的含气量，使其严格控制在 3%～5% 范围内。浇筑混凝土前应清除模板内杂物，木模还应用清水湿润，保持模板表面清洁、无浮浆。浇筑高度不超过 2m，分层浇筑时，每层厚度不大于 250mm。

5. 防水混凝土振捣必须采用高频机械振捣器，振捣时间宜为 20～30s，以混凝土泛浆和不冒气泡为准，应避免漏振、欠振和过振。振捣器插入间距不大于 500mm，并且插入下层混凝土内的深度不小于 50mm。

## （二）地下工程卷材防水质量控制

1. 地下工程卷材防水所使用的合成高分子防水卷材和新型沥青防水卷材的材质证明必须齐全。

2. 防水卷材进场后，应对材质分批进行抽样复检，其技术性能指标必须符合所用卷材规定的质量要求。

3. 防水施工的每道工序必须经检查验收，合格后方能进行后续工序的施工。

4. 卷材防水层必须确认无任何渗漏隐患后方能覆盖隐蔽。卷材与卷材之间的搭接宽度必须符合要求。搭接缝必须进行嵌缝，宽度不得小于 10mm，并且必须用封口条对搭接缝进行封口和密封处理。

5. 防水层不允许有皱褶、孔洞、脱层、滑移和虚黏等现象存在。

6. 地下工程防水施工必须做好隐蔽工程记录，预埋件和隐蔽物须变更设计方案时，必须有工程洽商单。

## （三）地下工程涂膜防水质量控制

1. 涂膜防水材料的技术性能指标必须符合合成高分子防水涂料的质量要求和高聚物碱性沥青防水涂料的质量要求。

2. 进场防水涂料的材质证明文件必须齐全，这些文件中所列出的技术性能数据必须和现场取样进行检测的试验报告以及其他有关质量证明文件中的数据相符合。

3. 涂膜防水层必须形成一个完整的闭合防水整体，不允许有开裂、脱落、气泡、粉裂点和末端收头密封不严等缺陷存在。

4. 涂膜防水层必须均匀固化，不应有明显的凹坑、凸起等，涂膜的厚度应均匀一致，合成高分子防水涂料的总厚度应不小于 2mm；无胎体硅橡胶防水涂膜的厚度不宜小于 1.2mm，用于复合防水时不应小于 1mm；高聚物性碱沥青防水涂膜的厚度不应小于 3mm，用于复合防水时不应小于 1.5mm。涂膜的厚度，可用针刺法或测厚法进行检查，针眼处用涂料覆盖，以防基层结构发生局部位移时将针眼拉大，留下渗漏隐患，必要时也可选点割开检查，割开处用同种涂料填刮平修复，此后再用胎体增强材料补强。

## （四）屋面卷材防水质量控制

1. 屋面不得有渗漏和积水现象。屋面工程所用的合成高分子防水卷材必须符合质量标准和设计要求，以便能达到设计所规定的耐久使用年限。

2. 坡屋面和平屋面的坡度必须准确，坡度的大小必须符合设计要求，平屋面不得出现排水不畅和局部积水的现象。

3. 找平层应平整、坚固,表面不得有酥软、起砂、起皮等现象,平整度误差不应超过 5mm。

4. 屋面的细部构造和节点是防水的关键部位,所以其做法必须符合设计要求和规范的规定:节点处的封闭应严密,不得开缝、翘边、脱落;水落口及凸出屋面设施与屋面连接处应固定牢靠、密封严实。

5. 绿豆砂、细砂、蛭石、云母等松散材料保护层和涂料保护层覆盖应均匀,黏结应牢固;刚性整体保护层与防水层之间应设隔离层;块体保护层应铺砌平整、勾缝平密,分格缝的留设位置、宽度应正确。

6. 卷材铺贴方法、方向和搭接顺序应符合规定,搭接宽度应正确,卷材与基层、卷材与卷材之间黏结应牢固,接缝缝口、节点部位密封应严密,无皱褶、鼓包、翘边。保温层厚度、含水率、表观密度应符合设计要求。

## (五) 屋面涂膜防水质量控制

1. 屋面不得有渗漏和积水现象。为保证屋面涂膜防水层的使用年限,所用防水涂料应符合质量标准和涂膜防水的设计要求。

2. 屋面坡度应准确,排水系统应通畅。找平层表面平整度应符合要求,不得有疏松、起砂、起皮、尖锐棱角等现象。

3. 细部节点做法应符合设计要求,封固应严密,不得开缝、翘边,水落口及凸出屋面设施与屋面连接处应固定牢靠、密封严实。

4. 涂膜防水层不应有裂纹、脱皮、流淌、鼓包、胎体外露和皱皮等现象,与基层应黏结牢固,厚度应符合规范要求。

5. 胎体材料的敷设方法和搭接方法应符合要求,上下层胎体不得互相垂直敷设,搭接缝应错开,间距不应小于幅宽的 1/3。

6. 松散材料保护层、涂料保护层应覆盖均匀、严密,黏结牢固;刚性整体保护层与防水层间应设置隔离层,其表面分格缝的留设应正确。

# 二、保温节能工程质量控制要点

## (一) 聚苯板 (EPS 板) 薄抹灰外墙外保温质量控制

### 1. 基层墙体的处理

(1) 基层墙体必须清理干净,墙面应无油、灰尘、污垢、隔离剂、风化物、涂料、防水剂、霜、泥土等污染物或其他有碍黏结的材料，并应剔除墙面的凸出物，再用水冲洗墙面，使之清洁、平整。

（2）清除基层墙体中松动或风化的部分，用水泥砂浆填充后找平。

（3）基层墙的表面平整度不符合要求时，可用 1:3 水泥砂浆找平。

（4）既有建筑进行保温改造时，应彻底清除原有外墙饰面层，露出基层墙体表面，并按上述方法进行处理。基层墙体处理完毕后，应将墙面略微湿润，以备进行粘贴聚苯板工序的施工。

**2. 粘贴聚苯板**

（1）根据设计图的要求，在经平整处理的外墙面上沿散水标高，用墨线弹出散水水平线。当须设置系统变形缝时，应在墙面相应位置弹出变形缝及其宽度线，标出聚苯板的粘贴位置。

（2）聚苯板在抹完黏结胶浆后，应立即将板平贴在基层墙体墙面上滑动就位。粘贴时动作应轻柔，均匀挤压。为了保持墙面平整度，应随时用一根长度超过 2m 的靠尺进行压平操作。

（3）应由建筑外墙勒脚部位开始，自下而上，沿水平方向横向敷设聚苯板，每排板互相错缝 1/2 板长。

（4）聚苯板贴牢后，应随时用专用抹子将板边的不平处搓平，尽量减少板与板间的高差接缝。当板缝间隙大于 1.6mm 时，则应切割聚苯板条将缝填实后磨平。

（5）在外墙转角部位，上、下排聚苯板的竖向接缝应垂直交错连接，保证转角处板材安装的垂直度，并将标有厂名的板边露在外侧。门窗洞口四角处聚苯板接缝离开角部至少 200mm。

（6）粘贴上墙后的聚苯板应用粗砂纸磨平，然后再将整个聚苯板面打磨一遍。打磨时，散落的碎屑粉尘应随时用刷子、扫把或压缩空气清理干净，操作工人应戴防护面具。

**3. 薄抹一层抹面胶浆**

涂抹抹面胶浆前，应先检查聚苯板是否干燥、表面是否平整，去除板面的有害物质、杂质，并用细麻面的木抹子将聚苯板表面扫毛，并扫净聚苯浮屑。

**4. 贴压玻纤网布**

（1）在薄层抹面胶浆上从上而下铺贴标准玻纤网布。

（2）网布应平整、不皱褶，网布对接，用木抹子将网布压入抹面胶浆内。

（3）对于设计切成 V 形或 U 形的分格缝，网布不应切断，应将网布压入 V 形或 U 形分格缝内，用抹面胶浆在表面做成 V 形或 U 形缝。

**5. 抹面胶浆找平**

贴压网布后再用抹面胶浆在网布表面薄抹一层，找平。

**6. 锚栓使用注意事项**

（1）当采用点粘方式固定聚苯板时，锚栓应钉在黏胶点上，否则会使聚苯板因受压而产生弯曲变形，对保温系统产生不利影响。

（2）宜在黏胶点硬化后再钉锚栓。如果要在粘贴保温板的同时用锚栓临时帮助固定，固定锚栓时应适当掌握紧固压力，以保证保温板粘贴的平整度。

（3）应根据不同的基层墙体选用不同类型的锚栓。锚栓在基层墙体中应有一定的锚固深度。

## （二）现浇保温材料的屋面节能工程质量控制

**1. 清理基层**

将基层表面的浮灰、油污、杂物等清理干净。

**2. 拌和**

（1）沥青、膨胀珍珠岩配合比为（重量比）$1:0.7 \sim 1:0.8$，拌和时，先将膨胀珍珠岩散料倒在锅内加热并不断翻动，预热温度宜为 $100 \sim 120℃$。然后倒入已熬好的沥青中拌和均匀。沥青在熬制过程中，要注意加热温度不应高于 $240℃$，使用温度不宜低于 $190℃$。

（2）沥青膨胀珍珠岩宜用机械进行拌和，拌和以色泽均匀一致、无沥青团为宜。

**3. 敷设保温层**

敷设保温层时，应采取分仓法施工，每仓宽度为 $700 \sim 900mm$，可采用木板分隔控制宽度和厚度。

保温层的虚铺厚度和压实厚度应根据试验确定，一般虚铺要求为设计厚度的 130%（不包括找平层），铺好后用木板拍实抹平至设计厚度。压实程度应一致，且表面平整。敷设时，应尽可能使膨胀珍珠岩的层理平面与敷设平面平行。

**4. 抹找平层**

沥青膨胀珍珠岩压实抹平并进行验收后，应及时施工找平层。找平层配合比为：水泥：粗砂：细砂＝$1:2:1$，稠度为 $70 \sim 80mm$（呈粥状）。找平层初凝后应洒水养护。

# 参考文献

[1] 穆静波．建筑施工 2016 版［M］．武汉：武汉大学出版社，2023.

[2] 任雪丹，曹雅娴．建筑装饰装修施工组织设计（第 2 版）［M］．北京：北京理工大学出版社，2023.

[3] 郭中华．建筑施工安全生产的政府调控研究［M］．北京：中国建筑工业出版社，2023.

[4] 江丁库．建筑施工企业破产重整法律实务［M］．北京：法律出版社，2023.

[5] 朱利红，杜健．实用建筑节能技术丛书：实用建筑节能工程施工［M］．北京：中国电力出版社，2023.

[6] 刘毅．建筑工程施工质量验收图解［M］．北京：化学工业出版社，2023.

[7] 张文华．建筑工程施工质量问答丛书：建筑防水工程施工质量问答［M］．北京：中国建筑工业出版社，2023.

[8] 姚晓莹．职业教育建筑类专业"互联网+创新教材"：建筑装饰装修工程施工［M］．北京：机械工业出版社，2023.

[9] 姜敏．建筑施工五大员岗位培训丛书：安全员［M］．北京：中国建筑工业出版社，2023.

[10] 王宁．建筑施工企业全税种税务处理与会计核算（第 2 版）［M］．北京：中国市场出版社，2023.

[11] 谢芳芳，王鹏英，陈旭东．建筑工程现场施工系列丛书：图解公路工程施工常见问题及应对措施［M］．北京：机械工业出版社，2023.

[12] 赵秀峰，阚世江．建筑类专业十二五职业教育国家规划教材建筑装饰工程施工［M］．北京：高等教育出版社，2023.

[13] 张永强，孙怀忠．土木建筑大类专业系列新形态教材：建筑施工技术［M］．北京：清华大学出版社，2023.

[14] 杨建林，陈良．高等职业教育建筑与规划类十四五数字化新形态教材：古建筑施工组织与管理［M］．北京：中国建筑工业出版社，2023.

[15] 陶莉．建筑工程专业新形态丛书：结构施工图识读与实战（建筑工程类专业适用）

［M］．北京：化学工业出版社，2023.

［16］王勇．建筑房地产实务指导丛书：建设工程施工合同纠纷实务解析增订［M］．北京：法律出版社，2023.

［17］高鹤，王丽洁．道路建筑材料［M］．北京：北京理工大学出版社，2023.

［18］魏蓉，王争．建筑工程合同管理［M］．北京：清华大学出版社，2023.

［19］赵军生．建筑工程施工与管理实践［M］．天津：天津科学技术出版社，2022.

［20］肖义涛，林超，张彦平．建筑施工技术与工程管理［M］．北京：中华工商联合出版社，2022.

［21］王保安，樊超，张欢．建筑施工组织设计研究［M］．长春：吉林科学技术出版社，2022.

［22］樊培琴，马林，王鹏飞．建筑电气设计与施工研究［M］．长春：吉林科学技术出版社，2022.

［23］张立华，宋剑，高向奎．绿色建筑工程施工新技术［M］．长春：吉林科学技术出版社，2022.

［24］张升贵．智能建筑施工与管理技术研究［M］．长春：吉林科学技术出版社，2022.

［25］李宏图．装配式建筑施工技术［M］．郑州：黄河水利出版社，2022.

［26］张瑞，毛同雷，姜华．建筑给排水工程设计与施工管理研究［M］．长春：吉林科学技术出版社，2022.

［27］游普元．建筑制图（第2版）［M］．重庆：重庆大学出版社，2022.

［28］虞焕新，孙群伦．建筑工程技术实践［M］．沈阳：东北大学出版社，2022.

［29］李英军，杨兆鹏，夏道伟．绿色建造施工技术与管理［M］．长春：吉林科学技术出版社，2022.

［30］付盛忠，金鹏涛．建筑工程合同管理（第3版）［M］．北京：北京理工大学出版社，2022.

［31］马广阅，范小春．装配式建筑围护墙体应用研究［M］．武汉：武汉理工大学出版社，2022.